GILBERT HAYOZ

SANDROT

L'ÉDITO

DE **JULIEN PERROT**,
FONDATEUR DE
LA SALAMANDRE

Un livre pour vous

« L'envie a grandi pendant quelques saisons. Et puis, cet automne, je me suis lancé corps et âme dans ce nouveau défi, m'isolant le plus possible pour préciser ma pensée, mes souvenirs, pour ciseler mes phrases et mes messages. Pour vous écrire un livre.

Une vie pour la nature va sortir début mai. Cet ouvrage raconte ma passion et mon engagement pour nos cousines et cousins sauvages. L'amour d'un enfant pour les libellules, les fleurs, les oiseaux. La joie de la découverte et à la fois la souffrance des destructions. Un handicap visuel qui me met des bâtons dans les roues. Une fascination pour le papier, pour l'écriture. Puis, évidemment l'aventure de la *Salamandre*, tout cela illustré à travers d'innombrables rencontres sauvages avec des loups, grenouilles, mélèzes, tortues, étoiles de mer ou même quelques grands mammouths. Et deux girafes !

Au-delà de mon parcours personnel qui est désormais devenu celui de toute une équipe, la posture que j'essaie de tenir aujourd'hui et que je vous propose tout au long de ces pages est un chemin conscient sur un fil, à la fois lucide et joyeux. En ces temps troublés, c'est fou comme la nature peut nous y aider.

Alors voilà, j'espère que ces quelques mots vous donneront envie de prolonger la lecture de cette *Revue Salamandre* très printanière avec ce livre. Que cela vous fera du bien et vous donnera du courage et peut-être aussi quelques nouvelles clés afin que tous ensemble nous réenchantions le monde. Beau mois d'avril à toutes et à tous !

COULISSES DE LA RÉDAC

THÉO TZÉLÉPOGLOU

Deux lettres ont déferlé dans nos vies. « IA ». *« Ce n'est qu'un outil », « Il ne faut pas rater le train »*… À la *Revue Salamandre*, on temporise *(> colonne p. 2)*. Nul besoin d'algorithmes californiens pour guider le pinceau des artistes de terrain, ou l'œil des photographes baroudeurs. Quant aux récits et aux témoignages que nous partageons, ils sont humains, tout simplement.

Jean-Philippe Paul
Rédacteur en chef

La loutre sur la bonne voie

En Bourgogne, la loutre d'Europe gagne du terrain dans toutes les directions. Une très bonne nouvelle pour la recolonisation du Grand Est.

PAR **JEAN-PHILIPPE PAUL** jean-philippe@salamandre.org

« On peut voir plus d'une vingtaine d'épreintes sur les rochers, s'émerveille Damien Lerat, *c'est l'un des lieux de marquage les plus importants de Bourgogne ! »* Nous sommes dans le Morvan, à deux pas de Saulieu, bourgade de Côte-d'Or qui jouxte le département de la Nièvre. Les *épreintes* dont parle le mammalogiste ne sont rien d'autre que les crottes caractéristiques de la loutre, composées de restes de poissons et diffusant un parfum singulier de miel et d'huile de lin. Le biologiste de la Société d'histoire naturelle d'Autun (SHNA) se faufile sous un pont par une margelle hors d'eau, faite de bois et de roche cimentée, un passage spécialement destiné à l'animal semi-aquatique.

« Il y a des collisions presque annuellement. »

Retour aux sources

« On a tendance à croire que la loutre est toujours dans l'eau, mais elle se déplace bien plus efficacement sur terre en longeant les berges, précise Damien Lerat. *Et au moment de passer sous un pont, elle préfère le contourner plutôt que de se mouiller, ce qui l'oblige généralement à traverser une route. »* Avec un risque d'écrasement à la clé, au point qu'il s'agit de la première cause de mortalité en Europe... *« À l'image d'une femelle trouvée en décembre 2024 tout près d'ici, nous constatons des collisions presque annuellement dans la région. »* L'augmentation des accidents traduit néanmoins aussi une croissance des effectifs.

C'est qu'elle revient de loin, la discrète, comme nous l'avait raconté Damien Lerat il y a déjà onze ans, lorsque nous lui avions rendu visite pour notre dossier spécial *Retour à pas de loutre*. À l'époque, la recolonisation du Morvan était balbutiante, après une disparition quasi totale au siècle dernier. *« Les mailles de 10 x 10 km occupées par la bête sont passées de 30 en 2014 à 116 en 2024 ! »*, se réjouit le copilote du plan régional d'actions en faveur de la loutre.

L'association SHNA et ses partenaires ont promu 71 aménagements de banquettes permettant aux loutres de passer sous les ponts à pied sec en leur évitant ainsi de finir sur le bitume. Outre ces travaux, le plan d'action prévoit le développement des havres de paix. *« Ce sont des refuges pour la loutre, où nous passons des conventions avec les propriétaires pour le respect de certaines clauses comme l'absence de pesticides, le maintien de la végétation riveraine et des gîtes potentiels pour la faune, ou encore le non-usage de poison*

La loutre se déplace beaucoup sur les berges et rechigne à se mettre à l'eau pour passer sous les ponts. En contournant ces ouvrages, elle risque alors de se faire écraser sur la route.

à destination des ragondins », énumère Damien Lerat. Et de préciser qu'il existe actuellement 36 de ces havres, couvrant 939 ha et 94 km de berges. Soutenir l'engrillagement des piscicultures qui souhaitent se protéger du risque de prédation est une autre mesure pour l'acceptation consensuelle du retour du mammifère piscivore.

Tous azimuts

La population de loutres du Morvan, connectée au bastion national qu'est le Massif central, est doublement stratégique. D'une part, c'est un avant-poste pour la recolonisation du nord-est de la France, vaste espace largement inoccupé. D'autre part, elle se situe sur une ligne de partage des eaux, carrefour biologique qui relie par le sud au bassin de la Loire (Atlantique), par le nord à celui de la Seine (Manche) et enfin par l'est au bassin du Rhône (Méditerranée) via la Saône. *« Ce dernier axe est le moins actif »*, précise le naturaliste. En effet, une présence régulière de l'espèce se fait toujours attendre dans le Jura, malgré quelques observations prometteuses en 2023.

« Une part importante de nos connaissances vient de la prospection par les bénévoles », salue le biologiste. Grâce à des formations et à la mise en place de protocoles simplifiés, les milieux aquatiques de Bourgogne sont quadrillés. Et plus particulièrement ceux attenants aux zones déjà occupées par l'animal. *« Nous prévoyons une prospection en canoë sur la Loire en 2025, une méthode qui plaît beaucoup à nos volontaires »*, prévient-il.

Pour témoigner plus concrètement de sa présence énigmatique auprès des élus qui soutiennent politiquement ou financièrement le retour de la loutre, l'association prévoit un suivi par piège photo. *« On nous dit souvent qu'une photo ou une vidéo de l'animal, c'est quand même plus sympa que nos images de crottes ! »*, sourit le passionné.

> Plan régional d'actions Loutre : bit.ly/PRALoutreBFC

Aller plus loin

Identifier les indices

Du fait de sa grande discrétion, la loutre est essentiellement recherchée à travers les indices qu'elle laisse : les empreintes et les crottes (épreintes). Apprenez à les reconnaître avec guides en ligne :

> bit.ly/TracesLoutre et bit.ly/LoutreInfofauna

Épreinte (crotte) de loutre contenant des restes d'écrevisses.

Empreintes de loutre avec cinq doigts en forme de goutte d'eau du fait de la griffe attenante.

Retrouvez notre dossier en ligne *Retour à pas de loutre* paru dans la *Revue Salamandre* n° 219.
> bit.ly/DossierLoutre

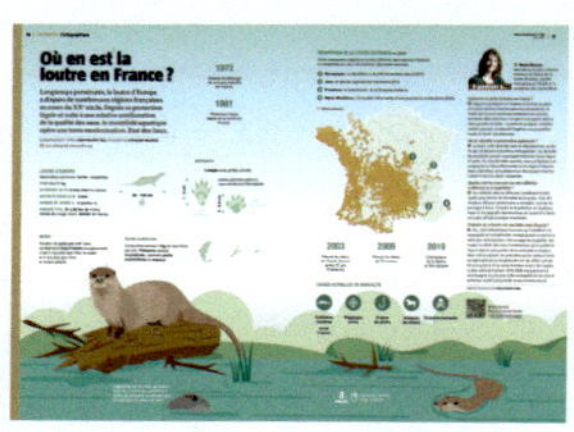

Notre infographie en ligne *Où en est la loutre en France ?* :
> bit.ly/LoutreFrance

JAH / STOCK.ADOBE.COM

ET ÇA MARCHE

Plouf

La cour d'appel de Bordeaux a jugé illégales les autorisations délivrées à quatre mégabassines, dont celle de Sainte-Soline, dans les Deux-Sèvres. Elles menacent notamment l'habitat de l'outarde canepetière, une espèce protégée et menacée. Des associations dont Nature Environnement 17 et la Ligue pour la protection des oiseaux (LPO) demandent un moratoire plus large dans le Marais poitevin, car douze autres de ces retenues d'eau restent légales.

> bit.ly/mégabassines

PHILIPPE MASSIT / OFFICE FRANÇAIS DE LA BIODIVERSITÉ

COUP DE POUCE

Bouc émissaire ?

L'Office français de la biodiversité (OFB) est un établissement public dédié à la protection et la restauration de la biodiversité. Ses agents ont également pour mission de faire appliquer les lois pour préserver l'environnement. Ces derniers mois, ses représentants ont été victimes de dénigrement de la part d'élus politiques et de certains syndicats agricoles. Ces derniers accusent l'OFB d'abus de pouvoir et d'intimidations. Or, une exploitation agricole est statistiquement visitée en moyenne une fois tous les cent vingt ans et moins de 5 % des procédures judiciaires dressées par les inspecteurs concernent les agriculteurs... Une pétition de soutien est en ligne.

> bit.ly/soutienOFB

COUP DE GRIFFE

Silence, on tue

Les géants de l'agrochimie utilisent l'IA pour élaborer de nouvelles molécules synthétiques à pulvériser sur les cultures. Le groupe allemand Bayer mène un programme nommé *CropKey*, en partenariat avec des start-up, pour tester de nouvelles interactions entre molécules et champignons ou insectes. Le but affiché ? Produire des pesticides moins toxiques et plus efficaces. Le risque ? Voir des dizaines de nouveaux pesticides de synthèse sur le marché.

> Infographie *Pesticides, la vie pour cible*, p. 20.

YANN LE BRIS

ALESSANDRO STAEHLI

ÇA BOUGE !

Chouette nouvelle

La chevêchette d'Europe, la plus petite chouette du continent, s'est reproduite pour la première fois en 2024 dans le parc national des Cévennes. Identifiée dans la zone en 2016, elle a depuis colonisé les massifs montagneux alentour. Présente historiquement dans les forêts d'altitude des Vosges, du Jura et des Alpes, le petit rapace nocturne a conquis l'Auvergne et le Massif central en 2007 et poursuivi son expansion vers le sud.

> bit.ly/chevechette

ÇA COMPTE

30 %

C'est la proportion de couverture d'arbres à atteindre en ville pour que la température moyenne baisse d'environ 0,5 °C et réduise d'un tiers les décès liés aux canicules.

> bit.ly/canopéeville

NOUVELLE VOIX

Zoé Lavocat
Coordinatrice de la campagne Aires Marines Protégées chez BLOOM

« J'ai suivi une licence d'histoire et de sciences politiques, et un master dans l'humanitaire et la négociation internationale. En parallèle, j'ai commencé à être militante pour le climat et les droits sociaux. **Cela m'a donné envie de travailler dans l'écologie, qui est une question centrale dans tous ces combats**, de l'impact du capitalisme sur la biodiversité jusqu'aux questions de justice sociale.

J'ai donc fait du plaidoyer sur les questions climatiques à l'international et je travaille aujourd'hui pour l'ONG BLOOM, où **je coordonne la campagne sur les aires marines protégées**. L'objectif de la France est d'avoir 10 % de ces surfaces en protection stricte, donc dépourvues d'activités extractrices (pêche, éoliennes, etc.), et 30 % autorisées à la pêche artisanale uniquement. **Mais seules 0,1 % de ces zones sont réellement protégées.** Cette campagne a donc pour but de **faire valoir de réelles protections** à la Conférence des Nations unies sur l'Océan qui se tiendra au mois de juin.

Pour cela, nous faisons du lobbying pour communiquer aux politiques les résultats de la recherche, proposer des actions de mobilisation et **faire des recours juridiques sur les lois et décrets qui ne respectent pas les législations françaises et européennes.**

Parole à la jeunesse qui s'engage avec conviction pour la connaissance et la protection du vivant, durant ses études, ses activités bénévoles ou au travail.

• Transmettez-nous vos témoignages à : redaction@salamandre.org

EN 10 LIGNES

COMPAGNIE Certains oiseaux d'espèces différentes migrent ensemble. Leurs tailles d'ailes et leurs vocalisations similaires seraient un facteur de rapprochement. Current Biology **SOBRE** Le spermophile rayé, un rongeur, hiberne huit mois sans boire ni manger. Outre la baisse de l'activité métabolique, les neurones cibles de l'hormone responsable de la sensation de soif sont inhibés, pratique ! Science **ANTIGIVRE** La fourrure des ours polaires n'est jamais glacée. Le sébum très gras qui recouvre le pelage ne permet pas à la glace d'adhérer. Science Advances **PERCUTANT** Le coup porté par la squille est d'une puissance comparable à la balle d'un revolver. Le crustacé a développé une structure anatomique de son bras massue capable de dissiper les ondes de choc et ainsi de ne pas se blesser. Science **APPÂT** L'araignée asiatique *Araneus ventricosus* se sert des signaux lumineux émis par les lucioles capturées dans sa toile. Ils attireront d'autres lucioles pour le prochain repas. Current Biology **RAOU** La population indienne de tigres a doublé en douze ans pour atteindre 3 600 individus. Une croissance rendue possible par la sanctuarisation de certaines zones, un travail de cohabitation avec les humains et le développement d'un écotourisme. Science **INCOGNITO** Certaines espèces de baleines produisent des vocalisations très basses, en dessous de 100 Hz, pour communiquer et ainsi échapper aux prédateurs qui ne peuvent pas entendre ces fréquences. Marine Mammal Science

12 AVRIL

Soprano

Le rossignol philomèle est le plus célèbre des oiseaux chanteurs. Pour autant, sa voix n'est pas aussi connue que celle du coucou ou de la tourterelle. Pour profiter au mieux de la ritournelle de ce passereau dès son retour d'Afrique, privilégiez une sortie nocturne, lorsque les autres espèces se sont tues. Les mâles célibataires s'égosillent sous les étoiles pour attirer une femelle de passage.

MARCO PREZIOSI

29 AVRIL

Violon

Dire que le grillon champêtre chante est un peu osé. Il fait en réalité de la musique avec un instrument maison, constitué d'une râpe et d'un grattoir, situé sur ses élytres. En positionnant cette paire d'ailes rigidifiées à la verticale et en les frottant l'une contre l'autre, l'insecte émet l'un des sons les plus printaniers qui soient.

JÉRÔME GREMAUD

5 MAI

Chœur

Lors des soirées douces et humides du printemps, la chorale des amphibiens rejoint celle des insectes et des oiseaux. Dans l'orchestre crépusculaire, le crapaud calamite anime les grandes flaques et autres eaux peu profondes d'un trille envoûtant qui porte à plusieurs centaines de mètres.

JEAN CHEVALLIER

FRANK HECKER

PROPOS RECUEILLIS PAR **CAMILLE BELSOEUR** camille@salamandre.org

Comment les escargots fabriquent-ils leur coquille ?

▪ **LA RÉPONSE DE Salomé Granai**
Malacologue à GéoArchÉon en Île-de-France et docteure en archéologie.
> geoarcheon.eu/salome-granay/

▪ Pour constituer leur coquille en calcaire*, les escargots vont recycler du calcium dans la nature. Ils le tirent des feuilles qu'ils mangent, en grignotant des bouts d'os, voire en se régalant de la coquille d'autres escargots. Certains spécimens partent aussi en quête de calcium sur les roches calcaires. Du fait de cette dépendance, on trouve moins d'escargots dans les régions pauvres en calcaire. Le calcium digéré va circuler dans le sang, puis se concentrer au niveau du péristome, le bord de la coquille. Là, des glandes le combinent à d'autres substances pour fabriquer un nouvel anneau.

Le tout jeune escargot est donc nu ?

▪ Non, ils naissent avec un tout premier tour de coquille. C'est l'apex. La pointe de leur coquille est en fait le vestige de leur abri de naissance ! Les bébés escargots puisent le calcium dans leur œuf pour créer cette première protection. Mais on ne peut pas

L'escargot petit-gris possède une coquille à enroulement dextre fortement calcifiée avec quatre à cinq tours.

déterminer l'âge d'un escargot selon le nombre de tours de sa coquille. Elle croît quand il est actif, en été, et elle grandit de manière irrégulière selon les ressources en nourriture.

Les escargots peuvent-ils réparer leur coquille ?

▪ Oui. Quand ils sont actifs, en dehors de la période hivernale, leur organisme peut produire en permanence de quoi la reconstituer si les craquelures sont limitées. Mais si le sommet de la coquille est atteint, là où il y a les premiers tours, c'est plus compliqué pour la survie des gastéropodes. Les organes vitaux, tels que le cœur et l'intestin, sont situés à cet endroit et s'ils sont endommagés, réparer la coquille ne suffit pas.

Pourquoi leur coquille s'enroule-t-elle le plus souvent vers la droite ?

▪ Le sens d'enroulement de chaque espèce est un trait génétique inné encore mal expliqué. Il existe des espèces qui ont une coquille qui s'enroule toujours vers la gauche, mais ce cas de figure est rare. Il arrive aussi que l'enroulement, qui se fait normalement à droite chez les individus d'une espèce, soit à contresens. Mais ces originaux ont peu de chance de se reproduire, car leur accouplement devient difficile avec un individu dextre (coquille enroulée vers la droite). Cependant, on a découvert à Taïwan des proportions anormalement élevées d'individus du genre *Satsuma* avec la coquille enroulée à gauche. Cette caractéristique originale a en fait été favorisée par la capture moins efficace de ces spécimens par le serpent *Pareas iwasakii*. Dans ce cas, une stratégie évolutive est clairement mise en place.

***Calcaire** *nom m.*

Roche sédimentaire, telle la craie, composée majoritairement de carbonate de calcium. Le calcaire se forme le plus souvent au fond des océans par l'accumulation de sédiments emportés par l'érosion, de squelettes de microalgues ou encore de coquilles de petits animaux…

Sauvage ? Chat dépend…

Tous les chats domestiques du monde seraient issus d'un même et unique ancêtre, le chat sauvage africain *(Felis silvestris lybica)*, au moment de la sédentarisation des humains – il y a au moins 10 000 ans. Aujourd'hui, après des siècles de croisements et sélection, *Felis (silvestris) catus* compte une soixantaine de races officielles, aux tailles et couleurs très variées. Lorsqu'il retourne dans la nature, sans attache humaine, le chat domestique est appelé *chat haret*. À ne pas confondre avec le chat forestier sauvage de nos régions : *Felis silvestris silvestris*.

Un chat noir et blanc patrouille
sur un long tronc en plein bois.

Matou, voyou, chou

Lorsqu'un chat croque une mésange, le sort du volatile compte peu face au statut du félin vénéré. Attention, sujet griffant...

TEXTES **JEAN-PHILIPPE PAUL** DESSINS ET NOTES DE TERRAIN **TSUNÉHIKO KUWABARA**
redaction@salamandre.org

L'histoire commence comme souvent. L'ami d'une amie a des chatons à donner. Ils sont craquants, paraît-il. Comment pourrait-il en être autrement ? Les enfants confirment la plus consensuelle des évidences : *« Ils sont vraiment trop mignons ! »* Le petit gris tigré aux yeux clairs fait chavirer tout le monde... ou presque. On entre dans une joute diplomatique de haut vol. Le refus catégorique ne passe pas, j'ai l'air d'un monstre sans cœur. Le bébé chat gagne sans prononcer un seul mot. Son simple regard clôt le débat, c'était inévitable. Tout le monde promet : *« Il sera gentil, câlin et ne chassera pas. »* Je n'y crois pas une seconde. J'ai perdu. Ce ne sera pas mon chat, ce sera le leur, je n'ai rien à voir dans cette affaire. Facile...

Les mois ont passé. Le félin est à l'affût dans le jardin, loin d'Instagram et de TikTok où finissent nombre de ses congénères. Les enfants sont passés à autre chose. Pas moi. Entre culpabilité et lâcher-prise, je me questionne sans cesse sur cette histoire qui a débuté, en réalité, il y a près de 10 000 ans. »

››› À cette époque, dans le fameux Croissant fertile – entre le Nil et le Tigre –, la domestication du blé change radicalement le cours de l'humanité. L'agriculture naissante permet aux chasseurs-cueilleurs de se sédentariser et de s'établir durablement dans des villages. Quel rapport avec le chat dans le jardin ?

Eh bien, l'habitat des femmes et des hommes devient ainsi une véritable réserve de grains pour les rongeurs sauvages des alentours. Ceux-ci approchaient depuis quelques siècles déjà les campements des humains semi-nomades du Levant *(> Des souris et des hommes, Sal. n° 256)*. Qui dit concentration de souris, dit manne pour les prédateurs. Parmi eux, le chat ganté, ou chat sauvage d'Afrique. L'étroite proximité entre ce *Felis silvestris lybica* et les humains devient clairement gagnant-gagnant. Au point qu'un processus de domestication s'est petit à petit mis en place. Est-ce *Homo sapiens* qui a domestiqué le chat ganté ou est-ce plutôt l'inverse qui s'est produit ? La question se pose. Quoi qu'il en soit, la chaîne alimentaire graine-souris-chat ne s'est jamais rompue. Les migrations humaines depuis la Mésopotamie se sont certainement déroulées en compagnie de chats devenus domestiques.

Chat s'est croisé

Le chat forestier sauvage, bien qu'en expansion dans certaines régions avec le retour de la forêt, est menacé par le croisement avec son cousin domestique. Une étude de 2020 à l'échelle européenne montre des taux d'hybridation variables : de 5 % en Europe centrale et de l'est à plus de 20 % en Italie ou en Écosse. En Suisse, cette part est estimée à 15 % alors qu'elle atteignait 24 % en France selon une étude de 2009. Avec la croissance continue de la population des chats de compagnie, la forme sauvage indigène est menacée de disparition à terme.

Chat pacha ?

L'Égypte ancienne a élevé le chat au plus haut rang possible. D'abord avec le dieu Rê, dont le félin était l'une des différentes représentations existantes. Puis avec Bastet, déesse de la joie, du foyer, de la chaleur du Soleil et de la maternité. La zoolâtrie dont l'animal bénéficiait en Égypte a été mise en lumière par la découverte de nombreuses reliques de chats momifiés. La vénération moderne passe aujourd'hui par leur exhibition sur les réseaux sociaux, parfois à leurs dépens. La recherche de buzz génère en effet de nombreux comportements de maltraitance…

Retour au jardin. Je n'ai pas de grenier plein, pas de souris grises à éliminer, que fait ce chat chez moi ? Et celui-là, noir et blanc, chez la voisine ? Et l'autre rouquin en contrebas, au bord de la haie champêtre ? Il serait bien trop long de relater dix millénaires de nos liaisons avec les matous, minettes et autres mistigris. Toujours est-il que de compagnon utile, puis véritable divinité *(> Chat pacha ?)*, la bête est passée à demi-dieu des canapés et des écrans. Et comme celui que j'observe convoite vraisemblablement un lézard des murailles, j'ai un léger problème avec Sa Sainteté. Je m'approche, frappe dans mes mains pour faire échouer son plan. Ma satisfaction temporaire ne vaut rien face à la patience infinie de cet être oisif. Il finira par équeuter le reptile à un moment ou à un autre.

Comme pour beaucoup de naturalistes, prendre parti pour le sauvage me semble parfois évident. Mais comme toute certitude, celle-ci cache des méandres de considérations sociales et philosophiques dans lesquels il est facile de se perdre. *« Si tu n'apprécies pas les chats, tu n'aimes pas les animaux ! »* Syllogisme grossier, et puis je n'ai jamais dit ça. »

Chat chiffre

On estime à 15 millions le nombre de chats domestiques en France. Et possiblement le double en considérant les individus libres non déclarés. En Suisse, ce chiffre atteint 1,85 million tandis qu'il dépasse 2,5 millions en Belgique. Comme pour les chiens, ces chiffres sont en augmentation.

Fouine perchée pour échapper à un chat ?

››› *« Qu'est-ce que la nature ? Ton potager, ce n'est pas la nature, l'hirondelle qui ne niche que dans les maisons, c'est la nature ? »* Bonnes questions. Mais tout de même, des millions d'animaux nourris par les humains pour le simple plaisir des humains devraient-ils ajouter leur prédation artificielle sur une biodiversité si fragilisée sans que l'on puisse légitimement s'interroger ? Sans compter les lapins, bœufs ou thons transformés en pâtée... Si les centaines de millions de chiens et de chats formaient un pays, ce serait le cinquième consommateur de viande au monde !

C'est peine perdue, l'orvet fragile ou le papillon déchiré ne font pas le poids. Si l'impact du chat introduit sur des îles est indéniable et documenté, il est couramment relativisé ailleurs. Que l'ampleur du risque puisse être discutée en ville, où le sauvage n'existe plus vraiment, admettons... Mais elle interpelle en milieu rural, là où passereaux, petits mammifères et reptiles imbriquent leurs territoires vitaux avec les nôtres. Victime de l'agriculture intensive et de bien d'autres bouleversements alentour, la petite faune qui se réfugie dans les jardins et les haies d'ornement est attendue par d'impitoyables griffes de salon.

La complexité du sujet est infinie, et je reconnais que le chat domestiqué en tant qu'être vivant n'est en rien responsable de la situation. Mais on est en droit de se demander pourquoi en vis-à-vis de cette adoration, notre société peine tant à donner une place plus grande au sauvage. Il y a seulement un lynx pour 150 000 chats de compagnie en France, et un seul chat forestier sauvage pour 2 000 domestiques en Suisse *(> Chat chiffre)* ! Pourquoi l'empathie des humains se tourne-t-elle plus facilement vers la poule croquée par la fouine qu'envers la musaraigne saignée par le chat de salon ?... ■

Aller plus loin

Chats et petites bêtes

Découvrez les constats et les conseils des ONG pour une meilleure cohabitation entre chats domestiques et petite faune sauvage.

- En France > chat-biodiversite.fr et bit.ly/4a8NMOQ
- En Suisse > bit.ly/4fGPrvx
- En Belgique > bit.ly/4gDmuCb

Bouquets émeraude

Le photographe et hydrogéologue Philippe Crochet revient sur sa rencontre avec un joyau minéral. Direction le sous-sol languedocien.

PROPOS RECUEILLIS PAR **JEAN-PHILIPPE PAUL** jean-philippe@salamandre.org

Philippe Crochet

philippe-crochet.com

Philippe Crochet a commencé la spéléologie à 16 ans et s'est rapidement spécialisé dans la photo souterraine. Sa passion pour le monde minéral l'a amené à l'hydrogéologie. Avec son épouse Annie, ils parcourent le monde à la recherche des grottes les plus insolites et ont déjà publié plusieurs livres sur cet univers singulier.

« Lorsqu'en 1978, je me suis retrouvé pour la première fois devant ces *inflorescences* improbables, je n'en ai pas cru mes yeux. Je n'étais pas en présence de mousses ou de feuilles au fond d'une quelconque forêt perdue, mais dans un univers purement minéral et obscur où la chlorophylle n'a pas lieu d'être. C'est dans l'aven du mont Marcou, une cavité à l'ouest de l'Hérault, que se situe cette merveille. Les spéléologues locaux l'avaient découverte quelques années auparavant et l'avaient gardée secrète pendant un certain temps afin de la protéger. Pour y accéder, il fallait descendre une série de puits avant d'escalader une pente boueuse en haut de laquelle se trouvait une petite lucarne, débouchant sur une minuscule alcôve remplie d'aragonite d'un vert éclatant. On ne connaît pas ailleurs dans le monde une telle quantité de concrétions vertes en cavité naturelle. Je faisais alors partie des rares privilégiés à pouvoir photographier cette splendeur minérale.

À l'époque, j'ai fait une série de diapositives, car c'était bien avant l'avènement du numérique. J'ai dû me limiter à des plans moyens ou rapprochés, pour mettre en lumière les concrétions elles-mêmes, plutôt que le contexte. Il faut dire que la prise de vue n'est pas facile : l'endroit est resserré, on ne peut y tenir debout qu'à trois personnes au maximum. Et la fragilité du milieu requiert de se mouvoir avec d'infinies précautions. Conséquence : peu de recul pour les plans d'ensemble et les éclairages. »

La montagne Noire (extrémité sud du Massif central), où se trouve la cavité du mont Marcou

Bouquet d'aragonite aciculaire vert et blanc

Tapis vert d'aragonite

Stalactite recouverte d'aragonite verte

Vert d'eau

La spéléologie n'est pas qu'un loisir, c'est aussi une activité qui implique plusieurs domaines scientifiques, dont la géologie. Aussi, les spéléologues ont eu à cœur de comprendre d'où venait cette couleur verte qui leur était inconnue. Ils se sont associés pour cela à une équipe de recherche de Namur. Les analyses très poussées (DRX, MEB, spectroscopie...) effectuées sur un microprélèvement ont révélé que la coloration était due à un minéral très riche en nickel, la népouite, qui enrobe les concrétions d'aragonite habituellement blanches. Sa présence est la conséquence d'une réaction en chaîne liée à l'oxydation des pyrites présentes dans une couche de grès surmontant la cavité calcaire. L'eau s'infiltrant à travers la roche depuis la surface apporte ainsi ce minéral dans l'alcôve.

››› Bien des années plus tard, en 2021, j'y suis retourné pour une nouvelle séance photo, afin de compléter le livre *Symphonie en sous-sol* sur lequel je travaillais. Les concrétions étaient restées intactes et les traces de boue avaient été nettoyées. Les conditions d'accès avaient également bien changé : dorénavant, l'escalade était sécurisée par une échelle fixe permettant d'accéder aisément à l'alcôve. Avant de monter, chaque visiteur enlève sa combinaison sale dans une tente disposée à cet effet et lave ses chaussures afin de ne pas souiller les lieux. Tous ces aménagements ont été effectués par l'association Mont Marcou, créée en 2002 pour protéger le site. L'accès à la cavité est depuis lors régulé par un arrêté ministériel qui limite le nombre de visites à quatre par an, avec l'encadrement de spéléos habilités.

Les nouvelles conditions ainsi que mon équipement photo d'aujourd'hui m'ont permis de faire cette image, différente de mes premiers clichés. J'ai choisi le cadrage le plus large possible en intégrant dans la composition de la photo mon épouse qui débouche dans l'alcôve par la lucarne, et découvre admirative le spectacle qui s'offre à elle. La présence humaine permet ainsi de donner l'échelle, ce qui est important dans un contexte aussi peu commun. De plus, le public peut se projeter dans l'image, voir la scène à travers son regard et peut-être ainsi éprouver un peu de son émotion.

Studio enfoui

Outre l'avènement du numérique, l'une des principales évolutions du matériel depuis les années 1980 pour la photographie souterraine est la gestion des flashs. Maintenant, ils sont déclenchés depuis l'appareil photo par des émetteurs radio permettant également de régler à distance leur puissance et leur angle d'éclairage. Quatre flashs électroniques ont été utilisés pour cette photo : deux croisés à 45° donnant l'éclairage général de la scène, un en contre-jour derrière le modèle et un dernier pour éclairer son visage. Cette disposition de l'éclairage reprend les techniques de studio. Face aux beautés de la nature, Philippe Crochet affectionne cette démarche illustrative dont le but est de mettre en valeur les sujets géologiques le plus fidèlement possible.

Concrétions d'aragonite verte,
Mont Marcou (Hérault), le 10 juillet 2021 à 14 h 39.

Pesticides, la vie pour cible

Protéger nos animaux domestiques, nos plantes nourricières et parfois seulement notre confort passe par l'élimination d'un très grand nombre d'organismes vivants. À quel prix pour les écosystèmes et la santé ?

PAR **JEAN-PHILIPPE PAUL** ET **JEAN-LUC WISARD** jean-philippe@salamandre.org

SOURCES : À RETROUVER SUR LA VERSION EN LIGNE : SALAMANDRE.ORG ILLUSTRATIONS : STOCK.ADOBE.COM

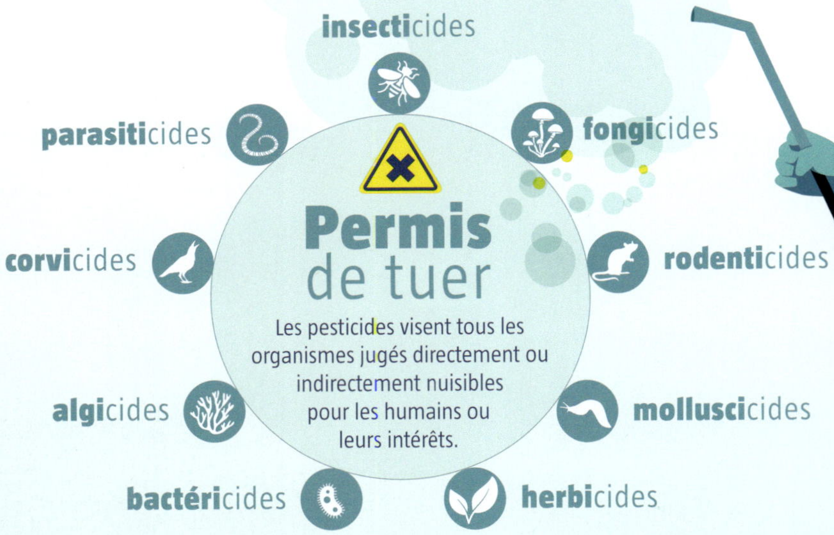

Permis de tuer

Les pesticides visent tous les organismes jugés directement ou indirectement nuisibles pour les humains ou leurs intérêts.

Pesticide, n. m.

De l'anglais *pest* (fléau) et du latin cida *(caedere = tuer)*.

Substance qui peut être inorganique (ex. métaux lourds), de synthèse (pétrochimie) ou issue du monde vivant (biopesticides).

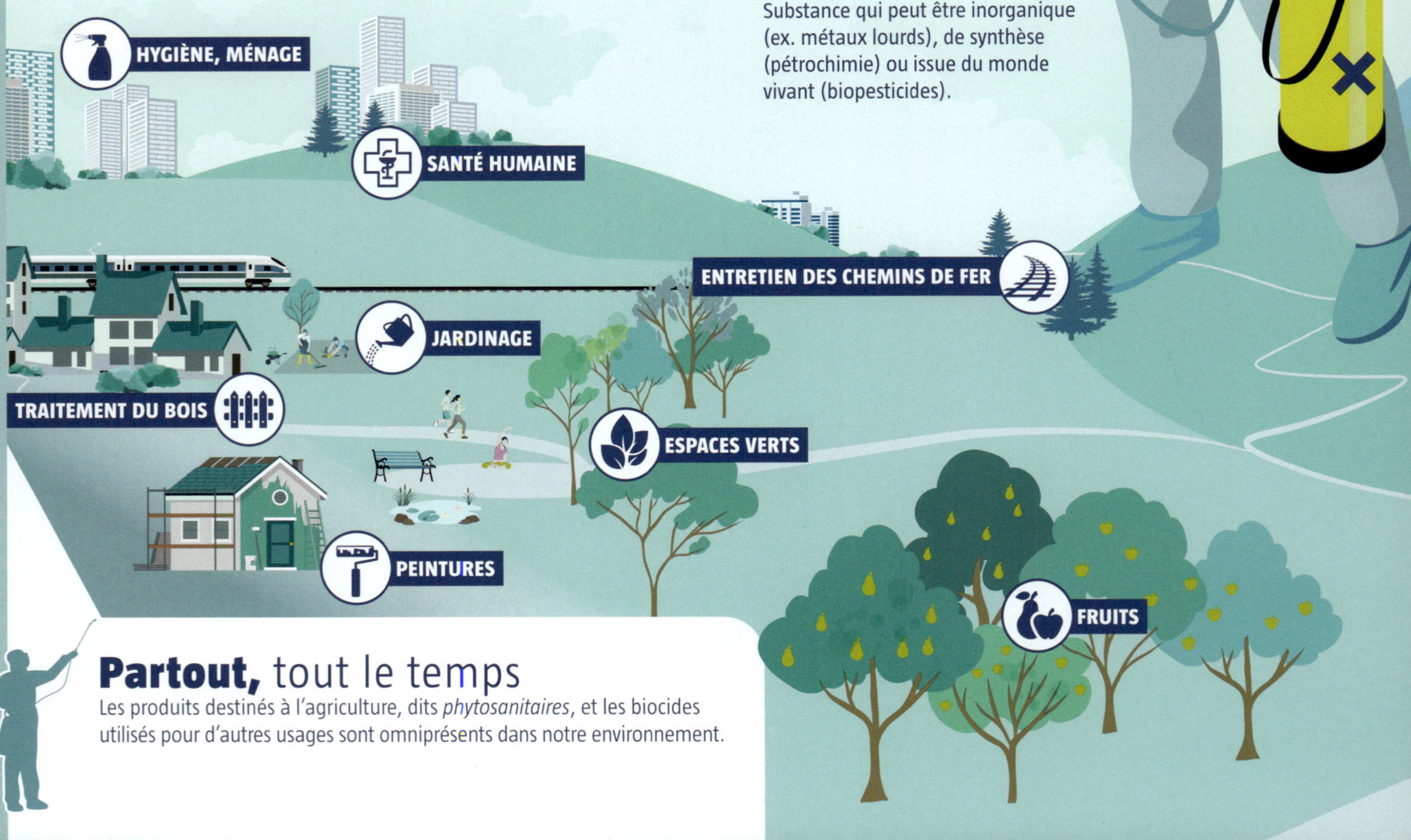

Partout, tout le temps

Les produits destinés à l'agriculture, dits *phytosanitaires*, et les biocides utilisés pour d'autres usages sont omniprésents dans notre environnement.

Un marché colossal

53
Chiffre d'affaires mondial en milliards d'euros du marché des pesticides en 2020, généré à 70 % par seulement 4 groupes industriels (Syngenta Group, Bayer, Corteva et BASF), également leaders du marché des semences agricoles.

841
En millions de dollars, revenus des ventes de glyphosate, classé *probablement cancérogène* par le Centre international de recherche sur le cancer (CIRC) de l'OMS.

291
Nombre de substances pesticides autorisées en France (3e rang) sur les 453 qui le sont en Europe.

2 000
En tonnes, quantité de produits phytosanitaires répandus annuellement en Suisse, soit plus de 5 t par jour.

Des victimes collatérales

Les résidus de pesticides se retrouvent dans les milieux naturels non ciblés, les sols, les eaux de surface souterraines, les sédiments, les plantes ou l'atmosphère. Ils atteignent aussi l'eau de consommation.

Par exposition directe lors du traitement ou par bioaccumulation dans la chaîne alimentaire, **les pesticides atteignent de nombreux êtres vivants non visés** (vers de terre, pollinisateurs, prédateurs…).

L'exposition aux pesticides présente des **risques avérés** pour les utilisateurs, leur famille, les riverains des zones traitées et les consommateurs.

Des alternatives entre nos mains

- Gérer les espaces verts, les bords de route et les jardins de manière moins aseptisée, avec plus de vie sauvage qui s'autorégule.
- Soutenir les ONG qui alertent sur les risques et sensibiliser son entourage.
- Consommer des produits bio, locaux et de saison.

Retrouvez en ligne notre infographie *Le bio est dans le pré* parue dans la *Revue Salamandre* n° 282.
> bit.ly/agribiol

GILBERT HAYOZ, EPIPACTIS À LABELLE ÉTROIT (*EPIPACTIS LEPTOCHILA*)

Amours d’orchidées

Vous pensiez que les orchidées aux formes et aux couleurs spectaculaires étaient réservées aux espèces exotiques ? Eh bien, non ! Nos latitudes offrent nombre d’espèces sauvages à l’écologie fascinante. Grâce à des capacités d’adaptation exceptionnelles, elles ont su tracer un chemin singulier dans l’histoire de l’évolution. Si certaines savent se faire discrètes, d’autres arborent un apparat de séduction élaboré pour attirer les pollinisateurs. Un charme qui a également conquis le cœur des humains...

UN DOSSIER DE **THÉO TZÉLÉPOGLOU** AVEC LA PARTICIPATION DE **SOFIA MATOS** theo@salamandre.org

La botte secrète des forêts

Rare et sublime, le sabot de Vénus est élaboré selon un procédé mystérieux en des lieux jalousement gardés. Marchons sur un versant jurassien, à la rencontre de cette orchidée mythique avec la spécialiste Olivia Rusconi.

Modèle unique

Dans nos régions, on ne peut pas le confondre quand il fleurit entre mi-avril et juillet. Le sabot de Vénus *(Cypripedium calceolus)* est la plus grande orchidée d'Europe et le seul représentant continental du genre *Cypripedium* tous munis d'un labelle en forme de sabot. Il comprend près de 60 espèces réparties dans l'hémisphère nord, principalement en Amérique du Nord et en Chine.

ACHIM SCHUMACHER

ROBIN NYFELER

Olivia Rusconi
Responsable biodiversité en milieu agricole à l'État de Neuchâtel.

Ce jour de solstice estival commence du pied gauche. La météo du matin annoncée catastrophique a repoussé de quelques heures la sortie botanique. Mais les imposants nuages noirs n'arrivent finalement que l'après-midi aux portes du massif jurassien, alors que nous nous élançons enfin. Ciel farceur. En foulant le Val-de-Travers, de grosses gouttes s'écrasent au sol. *« Dans le lieu confidentiel qu'on va visiter, le sabot de Vénus fleurit en avril-mai normalement. Mais ce printemps froid et pluvieux a décalé le calendrier. Ces fleurs peuvent s'épanouir deux semaines comme deux jours seulement, et elles ne tiennent pas bien la pluie… »*, m'avait confié au téléphone Olivia Rusconi. Désormais collaboratrice scientifique à l'État de Neuchâtel, elle a étudié durant six ans cette plante que beaucoup rêvent de rencontrer au moins une fois dans leur vie.

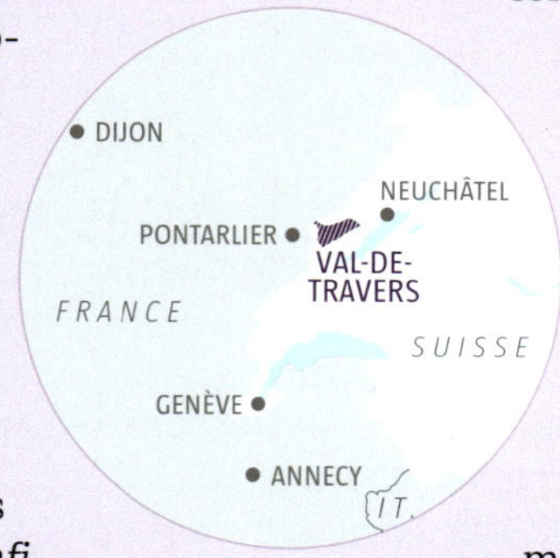

Mystère à démêler

Notre chemin dessine des lacets dans une forêt luxuriante à la moiteur tropicale. Telles des pattes d'éléphant plantées sur un tapis de mousse, les troncs lisses des hêtres ruissellent. Dans pareil décor, il est facile d'imaginer rencontrer la fleur à l'allure exotique par un coup de foudre grandiose. *« Le sabot de Vénus est l'équivalent du panda pour les mammifères,* explique la jeune botaniste. *Cette plante patrimoniale qui s'est raréfiée est largement connue du public. On pourrait même parler d'un lien affectif, ce qui permet de soulever des fonds pour sa conservation. C'est une espèce parapluie : en la sauvegardant, on protège tout un cortège d'organismes liés au même milieu. »*

Dans le prolongement de son travail de master, qui visait à identifier des sites de réintroduction propices pour l'espèce, Olivia Rusconi a terminé une thèse de doctorat en 2023 au Laboratoire d'écologie fonctionnelle à l'Université de Neuchâtel. Son objectif ? Développer une marche à suivre qui combine recherche fondamentale et approche pratique pour la conservation des plantes menacées. Le sabot de Vénus est un cas d'école idéal : de nombreuses tentatives de réintroduction ont été menées, mais avec peu de succès à la clé. Car, malgré sa notoriété, on le connaît mal. La biologiste a travaillé d'arrache-pied pour déterminer les facteurs qui influencent la vigueur des populations. Elle a effectué des modélisations spatiales sur la base de relevés botaniques existants, en les croisant avec diverses variables comme les températures ou la distance à la lisière. Cette analyse théorique a été doublée d'une approche plus naturaliste sur le terrain. *« Même avec des mailles fines de 25 m, les cartes ne suffisent pas. Une réintroduction peut réussir ou échouer au mètre près, notamment car le sol est très hétérogène »*, dévoile la chercheuse. Choisir une orchidée comme modèle, c'est aussi se pencher sur un organisme aux exigences très complexes en matière de sol, de climat ou d'alliances avec d'autres espèces. *« Si on arrive à protéger le sabot de Vénus, on peut tout protéger »*, ose la doctorante avec malice. »»

OLIVIA RUSCONI (X2)

Olivia sur le terrain lors de son travail de master.
Elle observe de jeunes pousses de sabots de Vénus.

OLIVIA RUSCONI (X3)

De gauche à droite, fleurs pas encore ouvertes, jeunes pousses et captage des molécules odorantes avec une pompe.

» Souliers de légende

Nous sortons des sentiers battus pour escalader une prairie maigre où se dressent des orchis moucherons *(> ci-dessous)* et de jeunes épicéas scintillants de gouttelettes. Un pouillot véloce compte ses écus, l'averse est terminée. Le sol pentu s'est mué en toboggan. Quelle ironie d'avoir chaussé mes sandales de marche pour chercher des sabots… « *Cette espèce s'implante souvent dans des terrains accidentés comme les éboulis ou les zones riveraines perturbées,* témoigne Olivia Rusconi. *Mais avec le temps, elle semble avoir besoin d'un milieu forestier ouvert plus stable. Cet habitat a tendance à disparaître avec la fermeture des forêts.* »

Un panneau est planté au beau milieu de nulle part. Il rappelle l'interdiction de cueillir ou de déterrer l'orchidée emblématique. Ah, nous y sommes ! « *Parmi les facteurs de sa raréfaction, il y a le fait qu'elle a été historiquement beaucoup cueillie. Aujourd'hui, des cueillettes illicites se poursuivent… Encore en 2017, dans une réserve en France voisine, toute une population a été déracinée en une nuit. C'est dramatique, parce qu'avec la fragmentation de ses habitats chaque peuplement est un maillon de chaîne important* », se désole la spécialiste.

DAVID CREYO

L'orchis moucheron est une élégante orchidée aux fleurs lilas qui pousse souvent à proximité du sabot de Vénus

Distraite par l'écriteau, je n'avais pas remarqué les magnifiques créatures poussant à son pied. Une brise à peine perceptible agite les fleurs accrochées au sommet de longues tiges vertes. Ces fées clochettes sont munies de quatre ailes brun-pourpre en croix et d'un remarquable sabot jaune et ventru. La légende est-elle donc vraie ? On raconte depuis des temps immémoriaux qu'un jour d'été Vénus flânait en forêt et fut surprise par un orage. Dans sa fuite, elle perdit l'un de ses souliers brodés d'or et de pourpre. Un berger qui passait par là voulut le ramasser. Mais il disparut et à sa place poussa une belle orchidée…

En progressant vers d'autres touffes, il faut mesurer chaque pas, on ne sait jamais où ces êtres surgissent. « *Regarde, c'est mignon !* », Olivia Rusconi pointe deux feuilles ovales et pointues, aux nervures parallèles bien marquées. Ce sont de jeunes pousses de celle qu'on surnomme aussi *pantoufle de Notre-Dame*.

Chausson de funambule

La passionnée sort une petite règle en métal et saisit délicatement une feuille. « *Mes recherches ont parfois pris des allures* old school. *J'ai sillonné la Suisse, de la Romandie aux Grisons, en passant par l'Argovie ou le Tessin, pour ausculter les sabots de Vénus. J'ai choisi des mesures peu invasives pour évaluer leur vigueur : taille et nombre de feuilles, nombre de tiges, de fleurs, activité photosynthétique…* » À ce marathon

Inspection d'une touffe de sabots parmi les épicéas.

Botte de 7 lieues

L'aire de répartition du sabot de Vénus est très large, de l'Angleterre à l'est de la Chine, et des Pyrénées espagnoles aux Balkans, mais ses populations sont rares et clairsemées. Un peu comme si la plante avait effectué de grandes enjambées. En réalité, c'est plutôt qu'elle a vécu un déclin généralisé en Eurasie depuis un siècle. Quasi menacée au niveau global, elle est éteinte en Belgique et classée *vulnérable* en France et en Suisse.

ROBIN NYFELER (X2)

s'est ajoutée l'évaluation du lieu de vie, notamment avec un inventaire de la végétation alentour afin de comprendre l'association végétale de référence. Car oui, les plantes ne se mélangent pas avec n'importe qui. Le sabot de Vénus est retrouvé préférentiellement dans 14 de ces groupements, telles la pinède de montagne ou la hêtraie xérothermophile. « *Des sites de réintroduction à Neuchâtel et à Berne ont été choisis sur ce critère, mais mes recherches ont montré qu'il n'est pas assez restrictif, le sol était par exemple trop acide,* affirme la chercheuse. *L'analyse des sols a révélé que cette orchidée aime les substrats neutres à alcalins, mais toujours riches en calcaire.* »

Pourtant, les variables les plus influentes sont à chercher ailleurs, en levant le nez. « *Un des résultats clés de ce travail était de comprendre que le sabot de Vénus pousse assez près de la lisière et a besoin de grands arbres dans les environs, idéalement entre 20 et 50 m de haut, pour que leur canopée fasse office d'ombrelle, mais que l'environnement reste tout de même très clair. Autant l'embroussaillement, la sylviculture que la pâture lui sont fatals. C'est là qu'on voit à quel point les équilibres sont délicats dans la nature* », résume la jeune femme.

Chaussure à son pied

Le beau végétal pousse à la façon de massifs horticoles. « *Toute cette troche, c'est un seul individu !,* s'exclame Olivia Rusconi en pointant une touffe. *Il se reproduit de manière végétative par ses rhizomes* ». Pour maintenir une descendance vigoureuse par un renouvellement génétique, la chaussure d'Aphrodite complète ce clonage *(> Passion séduction, p. 30)* par de la reproduction sexuée. Alors, comment s'y prend cette plante nommée en référence à la déesse de l'Amour ?

« *Elle attire les insectes pollinisateurs par la couleur jaune de son grand labelle et par son parfum,* explique ma guide. *J'ai emballé des fleurs dans des sachets de four à cuisson, puis pompé les molécules odorantes qui se sont accumulées pour les analyser. Le cocktail qui contient du linalol et de l'acétate d'octyle donne probablement l'illusion d'un nectar appétissant.* »

Oui, car la fleur n'offre en réalité pas de récompense sucrée aux insectes. Suivons une abeille sauvage qui s'engouffre avidement dans un sabot. »»

À gauche, inflorescences sous la loupe. À droite, mesure du sabot.

ROBIN NYFELER (X2)

OLIVIA RUSCONI

Sortie d'un sabot fermée à l'aide d'un ruban afin de retenir et étudier les pollinisateurs.

››› Alors, où est le nectar espéré ? Quelques tours sur soi et l'évidence saute aux yeux : la loge lisse n'est qu'une belle arnaque. Il faut sortir du piège ! Mais avec l'ouverture qui forme un ourlet vers l'intérieur, l'insecte ne parvient pas à voler droit pour sortir. Il finit par traverser le labelle par un étroit tunnel à l'arrière, guidé par des zones translucides. Au passage, les pollinies effleurées lui collent une masse de pollen sur le dos. Afin de connaître les victimes de cette vaste tromperie, Olivia Rusconi a piégé les insectes volants dans le secteur à l'aide d'assiettes jaunes imitant la fleur, ainsi qu'en fermant la sortie des sabots avec un ruban : *« La plupart sont des abeilles solitaires, dont quatre ont été découvertes pour la première fois en Suisse, ainsi qu'un syrphe »*. Parmi cette large gamme d'insectes, peu sont en réalité adaptés. Trop petits, ils s'en sortent sans toucher au pollen. Trop gros, ils sont piégés sans jamais parvenir à sortir. De la bonne taille, il faut qu'ils se fassent à nouveau piéger afin de déposer le pollen sur une

DAVID GREYO

OLIVIA RUSCONI

À gauche, un syrphe s'approche d'une fleur. À droite, une capture de pollinisateurs à l'aide d'un filet.

Pointures de la culture

Le sabot indigène est sauvage et strictement protégé. L'arracher est interdit et inutile étant donné ses faibles chances de s'acclimater ailleurs. Côté contrefaçons, c'est une autre histoire. Des variétés ornementales, cultivées *in vitro*, sont vendues en jardinerie. Des centres horticoles, notamment en Angleterre ou en Hollande, sont parvenus à faire germer des graines de sabot de Vénus sauvages en l'absence de champignons. Elles sont boostées avec des recettes gardées aussi secrètes que le Coca-Cola, mais trop dépendantes des conditions de laboratoire pour s'adapter en stations naturelles.

autre fleur. « *En fait, le sabot de Vénus se fait polliniser une fois tous les tremblements de terre. Ce n'est pas une espèce hyper compétitive,* constate Olivia. *Parce que les insectes ne sont pas longtemps dupes. Ils se font avoir une fois, deux fois, et après ils disent : "C'est sympa les gars, mais on ne va pas revenir."* »

Bonne paire

En plus de ses habitats, le sabot de Vénus fait également face à la raréfaction de ses entremetteurs. Un cercle vicieux s'installe : les populations de sabots diminuent, sont de plus en plus espacées les unes des autres, les insectes doivent parcourir toujours plus de kilomètres pour les polliniser... « *Tout laissait penser que cette fleur était en proie à un appauvrissement génétique important. Mais nos analyses ADN montrent une plus grande diversité que soupçonnée. Avec quelques bizarreries spatiales qui laissent supposer que des botanistes zélés ont déplacé des individus* », sourit la biologiste.

Un dernier axe de recherche a pu seulement être effleuré : celui d'une alliance entre la *pantoufle de Notre-Dame* et des champignons. Comme chez de nombreuses orchidées, dont la plus célèbre est la vanille, ses graines minuscules sont dépourvues de réserves de nourriture et doivent s'associer à des champignons mycorhiziens dans le sol *(> Liaison cachée, p. 36)*. « *Les principaux partenaires identifiés sur les racines appartiennent à la famille des tulasnellacées. Difficile de déterminer chaque espèce, faute de marqueurs génétiques* », détaille Olivia Rusconi. Pour mieux connaître l'orchidée, il faudrait encore explorer un pan vertigineux du règne fongique... Une graine de sabot de Vénus met entre un et quatre ans pour constituer une première feuille. Puis il attendra six à seize ans pour ses premières fleurs. « *Cette plante n'est pas pressée,* résume Olivia. *Avec ce long cycle de vie qui nécessite des milieux intacts sur des décennies, elle est mal adaptée à notre époque moderne. Il faudrait un projet de conservation qui dure cinquante ans, mais la science ne fonctionne pas comme ça...* ». Quoi qu'il en soit, son travail est un pas de plus dans la préservation de ce joyau, et d'autres chercheurs poursuivent des investigations à l'Université de Neuchâtel.

« *Cette orchidée est assez incernable. Mais un des constats généraux de l'étude est que les populations les plus vigousses et prolifiques se trouvent dans les endroits les plus diversifiés autant en insectes qu'en végétation. Face à beaucoup de paramètres, le lien exact reste mystérieux. Avec pareille complexité, il faudrait réussir à protéger ces milieux dans leur ensemble, en maintenant des lisières, des boisements aérés, et en évitant de détruire pour ne pas avoir à réintroduire* », conclut la botaniste. Et si l'orchidée emblématique nous livrait un message ? L'humain débarque souvent avec ses gros sabots, ce qui l'oblige ensuite à jouer à l'apprenti sorcier pour réparer la toile du vivant dans sa complexité infinie. **S.M.**

OLIVIA RUSCONI

Sabot de Vénus en fruit

Passion séduction

En plus de 100 millions d'années, les orchidées ont connu une diversification explosive de formes, de couleurs et de stratégies de reproduction. Rendez-vous galants.

Labelle de qualité

S'il y a bien une chose qui frappe lorsqu'une orchidée sauvage s'offre à nos yeux, c'est la forme graphique et colorée des fleurs, qui n'ont qu'un plan de symétrie. Le pétale médian, souvent exubérant et appelé *labelle*, a fait le succès de la famille. Son apparence est primordiale pour la fleur, car il a pour vocation d'attirer. Contrairement à la majorité des espèces de plantes, les orchidées ne dispersent pas leur pollen dans le vent. Elles ont besoin de pollinisateurs qui feront la navette entre plusieurs individus. Le plus souvent, ce sont les bourdons, abeilles et autres hyménoptères qui jouent les messagers de ces beautés incapables de se déplacer. Comment faire alors pour être remarquée au sein de milliers de fleurs concurrentes ? Lorsque l'on regarde de plus près une orchidée du genre *Ophrys*, on remarque que la fleur ressemble étrangement à un insecte. Le labelle évoque en effet la taille, la forme, la couleur et la pilosité du corps d'une abeille ou d'autres ailés. Encore plus malin, chez l'ophrys mouche, par exemple, les deux autres pétales sont enroulés sur eux-mêmes et imitent des antennes. Ce mimétisme peut être poussé au point d'arborer des pseudo-yeux ou des zones qui reflètent la lumière à la manière des ailes membraneuses ou de l'abdomen d'un insecte en plein soleil.

Pseudocopulation

Imaginez un peu, le printemps bat son plein, le pré foisonne de corolles florales toutes plus belles les unes que les autres. Un mâle d'abeille sauvage butine çà et là, au gré de ses envies. Il remarque alors une forme familière qui lui fait les yeux doux. Sans compter ce parfum élaboré, chargé de phéromones enivrantes... Faites place ! Notre amoureux zélé atterrit illico sur ce qu'il imagine être une partenaire particulière. Il entame alors ce qu'on appelle une *pseudocopulation*, une brève séquence de va-et-vient sur la fleur au cours de laquelle la magie opère... ou presque. Le subterfuge de cet ophrys bourdon a berné l'abeille amoureuse. Tandis que l'insecte s'anime, les pollinies – pollen aggloméré – vont se détacher et se coller sur sa tête ou sur son abdomen. À l'issue de ce jeu de dupes, le mâle va abandonner la fleur, muni d'un bagage clandestin. On ne l'y reprendra plus ? Hélas, *le cœur a ses raisons que la raison ignore* et si le malheureux succombe à nouveau, il déposera involontairement le pollen sur une autre fleur, où des organes reproducteurs femelles l'attendent *(> p. 31)*. Exception à la règle, l'ophrys abeille *(> ci-dessous)*, pourtant bien déguisé lui aussi, n'est pas dépendant des insectes puisqu'il pratique quasi exclusivement l'autofécondation. Ses pollinies sèchent avec le temps, se recourbent et finissent par tomber dans sa propre cavité stigmatique à la moindre vibration.

Ophrys abeille

Ophrys bourdon

Ophrys mouche *(Ophrys insectifera)*

Pleine lumière à ombre, sur substrats calcaires à neutres. Surtout talus herbeux, pelouses, lisières, bois clairs parfois denses jusqu'à 1 600 m d'altitude

Plante haute de 15-60 cm

D'avril à juillet

Anatomie d'une tombeuse

Chez les orchidées, on met toutes les chances de son côté. Au cours de l'évolution, la fleur s'est modifiée pour faciliter la tâche du pollinisateur. Le labelle doit servir de piste d'atterrissage visible et confortable. Dans l'immense majorité des cas, il est donc en position inférieure, et tourné vers le haut *(> ci-contre)*, afin de permettre aux insectes besogneux de se poser sans autre tergiversation logistique. Durant leur épanouissement, nos séductrices effectuent des mouvements bien précis pour faire tourner la tête des insectes. Eh oui, les plantes bougent... mais très lentement. C'est le naturaliste suédois Carl von Linné qui découvre le phénomène chez les orchidées en 1780. Il le nomme *résupination*. Lorsqu'elle éclot, la fleur va pivoter son labelle à 180° vers le bas. Mais ce n'est pas tant l'angle de rotation qui compte, mais plutôt la position finale. Des scientifiques ont modifié artificiellement l'inclinaison des inflorescences d'orchidées et ont observé que le labelle finissait toujours bien en place. Une prouesse permise grâce à des cellules spécialisées munies de statolithes, des petits éléments minéraux qui rendent la fleur sensible à la gravité. Vertigineux !

GILBERT HAYOZ (X2)

Ophrys miroir *(Ophrys speculum)*

- *Pleine lumière à mi-ombre, pelouses calcaires, friches, garrigues, surtout sur les zones côtières*
- *5-25 cm*
- *De février à mi-avril*
- *Espèce méditerranéenne très rare en France, car son pollinisateur, une guêpe, est absent. Elle apparaît sporadiquement grâce à des graines dispersées par le vent depuis l'Espagne. Avec le réchauffement climatique, l'aire de répartition de son pollinisateur pourrait remonter*

GILBERT HAYOZ

NICOLAS VEREECKEN

La réconfortante

Avec leur labelle en forme de cœur ou de langue bien pendante et un habit rouge ténébreux, les **sérapias** ne font pas les choses à moitié. En nommant ces fleurs en référence au dieu Sérapis, symbole de fertilité, les Grecs avaient justement déjà senti leur potentiel aphrodisiaque. Il faut dire que pour faire monter la température, certaines savent y faire. Entre la longue langue rouge et le casque *(> ci-contre)*, le mercure grimpe de 1 à 3 °C comparé à l'extérieur. De quoi fournir un gîte confortable à tout hyménoptère désabusé par la pluie ou les frimas printaniers. Attirées par des phéromones et par la morphologie de la fleur, guêpes et abeilles sont alors enveloppées de douceur au sein de leur loge temporaire. Lorsque vient le temps de repartir, l'insecte décolle chargé des pollinies de la plante hôtel *(> ci-contre)*.

Sérapias en cœur *(Serapia cordigera)*

- *Pleine lumière à mi-ombre, garrigues, broussailles, cultures et bois clairs*
- *15-40 cm*
- *D'avril à juin*
- *Le genre* Serapias *comprend huit espèces, majoritairement dans le sud de la France et en Corse*

GILBERT HAYOZ

DAVID GREYO (X2)

L'illusionniste

Ah les parterres d'orchidées violettes et jaunes de montagne... un rêve éveillé ! En y regardant bien, on remarque des fleurs très semblables par la forme, mais différentes par la couleur. Un tour de magie de plus qui illustre la diversité génétique de l'**orchis sureau**. L'arnaqueuse ne sert pas de nectar à ses butineurs, ils resteront à l'eau. Alors à force, voyez, on se passe le mot et on ne visite plus l'établissement. Pour remédier à ce boycott, la fausse barmaid a trouvé une tactique. En se présentant ici en habit violet et là en jaune pâle, elle brouille les pistes. Les clients ailés désabusés par l'enseigne d'une certaine teinte se rabattent sur le comptoir d'une autre, mais restent quand même sur leur faim. Et la dactylorhize – de son autre nom – gagne quant à elle à presque tous les coups.

Orchis sureau *(Dactylorhiza sambucina)*

- *Pleine lumière à mi-ombre, milieux secs à frais, sur substrats calcaires à légèrement acides, jusqu'à 2 100 m d'altitude*
- *10-30 cm*
- *D'avril à juillet*

Singulières et émancipées

En 1980, on avait décrit environ 15 000 espèces d'orchidées dans le monde. Quarante ans plus tard, on en connaît près du double ! Avec près de 29 000 espèces, la famille nombreuse se classe au second rang de la diversité, juste derrière celle des astéracées (famille de la marguerite). L'atout des orchidacées réside dans l'adaptation. Des prairies sèches aux forêts humides et du niveau de la mer jusqu'aux plus hauts sommets, il y en a toujours une pour étendre ses racines sous terre, sur un arbre, voire sur la roche. Seule l'eau ne leur convient pas, et encore... *(> La navigatrice p. 35)*. En Europe, leurs rangs comptent 350 représentantes. Et question diversification, le genre ***Ophrys*** *(> ci-dessous)* sait y faire. En seulement 5 millions d'années, le groupe a montré un des taux de spéciation les plus élevés connus à ce jour avec 29 000 espèces. Tout est dans la subtilité : en attirant un insecte bien ciblé, les populations de ces orchidées divergent les unes des autres et offrent mille visages... Mais la romance fleur-abeille peut tourner court. Le changement climatique brutal désynchronise les calendriers des butineurs et de leurs hôtes. Faut-il craindre la rupture ?

GILBERT HAYOZ (SÉRIE)

Exemples de la diversité du charismatique genre ***Ophrys***, de gauche à droite : *O. araneola, O. bertoloniiformis, O. calocaerina, O. grandiflora, O. gresivaudanica, O. lepida, O. lupercalis, O. normanii, O. lutea.*

GILBERT HAYOZ (SÉRIE)

Orchis militaire

Orchis singe

Orchis homme-pendu

La gendarmette

Dans la brigade des **orchis**, tout repose sur l'attirance d'un partenaire ailé. Point d'autofécondation dans les rangs. À l'instar de l'orchis sureau *(> l'illusionniste p. 32)*, l'orchis militaire attire ses pollinisateurs à l'odeur. Les coléoptères, tels les cantharidés ou les taupins, et les hyménoptères, comme les ichneumons, répondent à l'appel. En outre, les touffes de poils du labelle stimulent les soies abdominales de certains insectes destinées à détecter les substances sucrées. Le nom *militaris* vient de la partie supérieure de la fleur en forme de casque, et du labelle à la découpe anthropomorphique. Une caractéristique partagée par d'autres espèces du même régiment, comme l'orchis singe ou l'orchis homme-pendu.

Orchis militaire *(Orchis militaris)*

- *Pleine lumière sur substrat calcaire, sec et frais. Lisières, bois clairs, prairies maigres et broussailles jusqu'à 2 200 m d'altitude*
- *20-45 cm*
- *D'avril à juin*

DAVID GREYO

L'exotique

Pourpres, plus rarement roses ou blanches, les **nigritelles** sont d'apparence discrète. Elles répandent pourtant un fort parfum vanillé au sein des prairies alpines. Si elles attirent le bipède en quête d'exotisme, elles aguichent plus de 53 pollinisateurs différents. Avec 48 représentants, les papillons semblent être les insectes les plus friands de celles qu'on appelle aussi l'*orchis vanille*. Une de ces représentantes, *Gymnadenia rhellicani*, fut baptisée en hommage au naturaliste suisse J. Müller dont le surnom était *Rhellicanus*. Il aurait été le premier à citer le nom de cette orchidée, dans un poème en 1555.

Orchis vanille *(Gymnadenia rhellicani)*

- *Pleine lumière, pelouses et prairies alpines jusqu'à 2 800 m d'altitude*
- *5-30 cm*
- *De juin à septembre*

La perchée

La **malaxis des marais** vit dans les tourbières. Mais pas question de tremper les racines dans la matière organique morte, Madame vient de la haute. C'est l'une des seules représentantes en Europe d'un caractère pourtant commun à 80 % des orchidées du monde : elle est épiphyte. Cela signifie qu'elle pousse en hauteur sur d'autres plantes, ici les mousses, et ne vit donc pas ancrée dans le sol. Une caractéristique partagée sous nos latitudes par le liparis de Loesel *(> La navigatrice p. 35)* et la malaxis monophyllos. Comment se passe-t-elle alors de l'aide vitale des micro-organismes du sol ? Elle n'en est en réalité pas dépourvue, puisque autour de ses racines vit tout un petit sol *(> Liaison cachée p. 36)*. Cela étant, les caractères épiphytes de ces espèces restent débattus dans la littérature, car elles vivent tout de même très proches du sol et de l'eau... Elles sont ainsi difficilement comparables avec les orchidées tropicales arboricoles. *La perchée* n'aime également pas trop partager ses gènes. L'apex de ses feuilles produit des bulbilles qui tomberont et donneront à leur tour naissance à des clones. Ce mode de reproduction végétative est efficace, puisque l'on peut souvent observer des groupes d'individus issus des bulbilles d'un même pied qui se sont développés à proximité immédiate. Mais la variabilité génétique qui en résulte est évidemment faible. Cette stratégie de reproduction est partagée partiellement par d'autres orchidées qui privilégient pour autant la pollinisation *(> Arnaques, recherches et botanique, p. 35)*.

Malaxis des marais *(Hammarbya paludosa)*

- *Uniquement dans les zones saturées d'eau parmi les sphaignes des hauts marais jusqu'à 1100 m d'altitude*
- *4-20 cm*
- *De juillet à août*
- *En complément de la reproduction par bulbilles, pollinisation par de minuscules diptères*

Les entretenues

Ressemblant étrangement à une orobanche, **la limodore à feuilles avortées** partage avec cette plante non chlorophyllienne le même travers : c'est un parasite. Eh oui, la limodore vit aux crochets d'un champignon *(> Liaison cachée p. 36)*, mais fait au moins l'effort de pratiquer un peu la photosynthèse. Comment lui en vouloir ? Elle est pratiquement au chômage technique, il y a si peu de lumière dans son sous-bois. Dans le genre collante, on peut citer sa cousine la néottie nid d'oiseau *(> p. 39)*, qui elle ne s'essaie même pas à l'exercice photosynthétique. Malgré son allure à première vue peu aguicheuse, la néottie arrive quand même à attirer des diptères. Elle leur collera ses pollinies agrémentées d'une goutte visqueuse.

Limodore à feuilles avortées *(Limodorum abortivum)*

- *Mi-ombre, sur substrats alcalins à acides. Bois, broussailles, talus, jusqu'à 1800 m d'altitude*
- *20-80 cm*
- *D'avril à juillet*

La navigatrice

Au milieu des dunes et marécages, le **liparis de Loesel** ne se distingue pas par une beauté ostentatoire. En témoignent ses petites fleurs entièrement vertes et l'absence de stratégie de charme connue à ce jour. La *navigatrice* est dotée d'un rhizome (tige souterraine) qui produit chaque année un pseudobulbe peu enraciné qui affleure le sol. Quand l'hiver arrive, les racines dévitalisées libèrent le bulbe de son port d'attache. Il va alors profiter du vent et des inondations hivernales pour se balader au gré des courants en quête d'une nouvelle terre d'accueil. Une tactique de reproduction végétative plus ou moins fructueuse selon les années et les conditions météorologiques. Côté sexe, l'original pratique aussi l'autogamie : le liparis se féconde donc tout seul grâce aux gouttes d'eau qui font tomber les pollinies vers le stigmate. Une façon de faire qui a le mérite de perpétuer l'espèce, mais qui ne renouvelle pas le patrimoine génétique. Les menaces qui pèsent sur ses habitats sonnent comme un avis de tempête pour son avenir.

Liparis de Loesel *(Liparis loeselii)*

- *De pleine lumière à ombre. Marécages, dépressions humides intradunales*
- *5-25 cm*
- *De mai à septembre*
- *Espèce pionnière se développant sur les mousses entourant les touffes de choin*

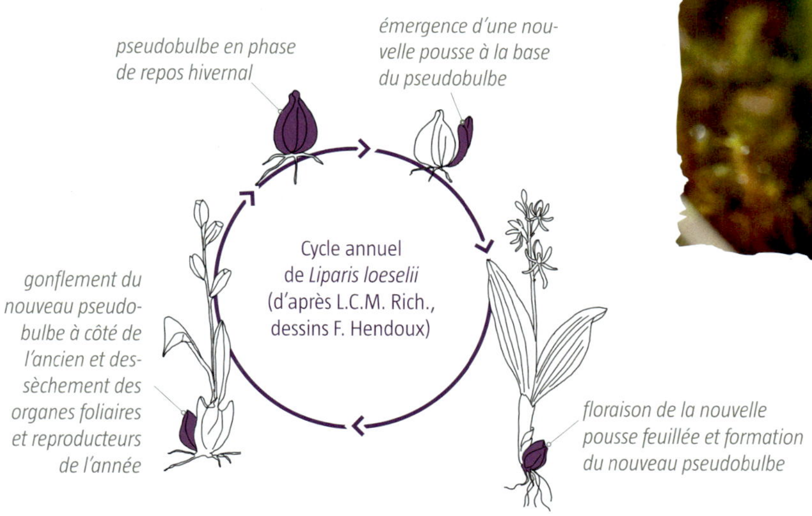

Cycle annuel de *Liparis loeselii* (d'après L.C.M. Rich., dessins F. Hendoux)

Arnaques, recherches et botanique

Accusé de spéculer, Charles Darwin n'a pas tout de suite convaincu la communauté scientifique avec sa théorie de l'évolution. Mais l'éminent biologiste était avant tout un grand botaniste. En 1862, soit trois ans après son ouvrage phare *L'Origine des espèces*, il publie une étude sur la reproduction sexuée des orchidées : *De la fécondation des orchidées par les insectes et des bons résultats du croisement* lui vaudra l'approbation de ses pairs et assoira sa théorie de l'évolution dans les esprits. Il y explique notamment la coévolution entre ces plantes et leur pollinisateur spécifique. En outre, pendant dix ans, il conduit des expériences d'autofécondation et prouve que cela crée des espèces moins compétitrices et davantage stériles. En étudiant une orchidée de Madagascar dotée d'un éperon – tube fin, creux et recourbé qui contient le nectar à sa base – long de 35 cm, Darwin pense qu'il doit exister un pollinisateur spécialisé muni d'une longue trompe. Là encore, il peine à convaincre. Sa théorie sera pourtant validée en 1903 par l'observation d'un papillon nocturne à la trompe démesurée, désormais nommé *sphinx de Darwin*, en train de butiner cette orchidée.

GILBERT HAYOZ, CÉPHALANTHÈRE À LONGUES FEUILLES

Liaison cachée

Si les orchidées savent séduire les insectes, elles nouent aussi des associations remarquables autour de leurs racines. Ces liens essentiels à leur survie dépendent de champignons spécifiques. Biologiste tout terrain et vulgarisateur passionné, Marc-André Selosse explore le sol pour mieux comprendre ces phénomènes.

Marc-André Selosse
Mycologue et botaniste, il est professeur du Muséum national d'histoire naturelle de Paris. Il travaille en particulier sur les symbioses mycorhiziennes qui unissent des champignons du sol aux racines des plantes.

Quels liens les orchidées entretiennent-elles avec les champignons ?

■ Comme 90 % des plantes, elles s'associent avec eux. Elles les nourrissent en carbone et, en échange, les champignons explorent un grand volume de sol pour capter des ressources et fournir à la plante de l'eau et des sels minéraux. Cette association ancestrale est appelée *mycorhize* (*> schéma, p. 39*). Il y a 400 millions d'années, les fossiles de plantes présentaient des tiges souterraines et étaient déjà liés à des champignons. Cette association nutritive est ensuite passée dans les racines au cours de l'évolution. Elle protège aussi les racines contre les substances toxiques et les pathogènes du sol.

En quoi cette symbiose est-elle particulière chez les orchidées ?

■ Les graines des orchidées sont minuscules et dépourvues de réserves, mais elles ont une stratégie. Elles sont associées à des champignons spécifiques qu'on appelle les *rhizoctonias*. Entre le stade de la graine et celui de la plantule, l'orchidée germe sous la forme d'un organisme intermédiaire appelé *protocorme* (*> schéma p. 37*) qui est incapable de réaliser la photosynthèse. Durant ce développement, les fameux champignons rhizoctonias pénètrent dans les cellules racinaires

DAVID GREYO

BEYRLE ET AL., 1995

Pelotons de champignon dans les cellules racinaires d'*Anacamptis morio* en microscopie à balayage et forment de petites pelotes de filaments microscopiques étroits dans les cellules, sans les tuer. Ils apportent de l'eau, des sels minéraux, mais aussi... des sucres. Voilà la spécificité. Car habituellement, c'est la plante qui fournit le sucre – produit par la photosynthèse – au champignon et non l'inverse. Par la suite, lorsque l'orchidée devient mature, le champignon va reprendre son rôle classique et ne plus fournir de sucre. Il sera alors largement *remboursé* de son investissement. L'orchidée est donc absolument dépendante des champignons pour germer.

DAVID GREYO

Comment la minuscule graine d'orchidée se retrouve-t-elle en contact avec ces champignons ?

■ La probabilité pour qu'une graine s'implante à un endroit où il y a un champignon spécifique est faible. L'orchidée produit donc beaucoup de graines pour augmenter les chances de rencontre. Le pollen est déplacé par les pollinisateurs qui embarquent de gros groupes de grains et permet de féconder un grand nombre d'ovules. Darwin notait que les petits-enfants d'un seul pied de *Cephalanthera longifolia* qui produit 6 000 graines par fleur *(> photo du haut p. 36)* pouvaient potentiellement couvrir l'île d'Anglesey, au pays de Galles, d'une surface de 676 km²... si toutes les graines germaient avec succès. Car seules certaines trouvent un champignon. Les graines d'orchidées germent autour des spécimens adultes et aléatoirement ailleurs où il y a ces champignons symbiotiques. En revanche, ces derniers n'ont pas besoin de ces plantes pour vivre. Ils savent aussi coloniser les racines d'autres familles de végétaux, même si cela reste encore mal connu, et ils s'y nourrissent sans doute aussi.

GRZEGORZ WOJTCZAK

▲ Protocormes de dactylorhize de mai hérissés de longs poils unicellulaires

Cette association mycorhizienne est-elle possible pour les orchidées qui ne poussent pas sur le sol ?

■ Contrairement aux idées reçues, les orchidées qui utilisent d'autres plantes comme support – on les appelle *épiphytes* – sont également associées à des champignons rhizoctonias. Nos travaux sur l'île de la Réunion l'ont bien montré. Ces orchidées vivent souvent sous les tropiques, sur l'écorce d'arbres humides et couverts de mousses. L'écorce et sa parure sont un milieu de vie tout à fait adapté pour un champignon. Sous nos latitudes, les orchidées qui peuvent être caractérisées comme épiphytes, telle la malaxis des marais *(> La perchée, p. 34)*, sont aussi associées à des mycorhizes. Ces orchidées ont sur leur racine une assise de cellules mortes dont la paroi, particulièrement riche en cellulose, capte l'eau. La face accrochée au support végétal abrite leurs champignons alliés. »»

GERMINATION SYMBIOTIQUE DU PROTOCORME
(future plantule)

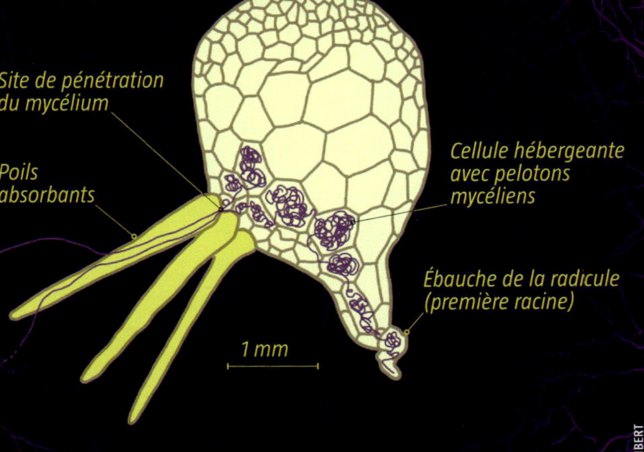

GRAINE D'ORCHIDÉE

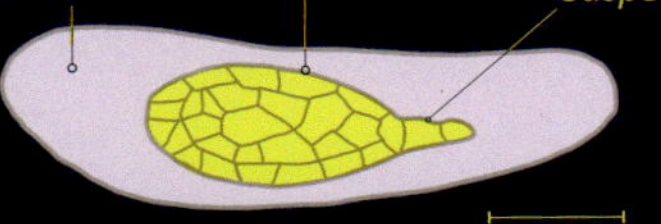

D'APRÈS *LA SYMBIOSE*, MARC-ANDRÉ SELOSSE, ÉD. VUIBERT

« *L'orchidée est donc absolument dépendante des champignons pour germer.* »

» La majorité des très nombreuses orchidées exotiques sont épiphytes, est-ce une meilleure stratégie ?

■ Une riche diversité d'espèces illustre une grande capacité à s'adapter à un milieu varié. Les arbres étaient peu colonisés par d'autres plantes, les orchidées en ont profité. Elles ont investi cette niche écologique bien plus diversifiée que le sol et se sont adaptées à chaque condition particulière liée à la taille, l'exposition et la hauteur des branches. Mais il ne faut pas uniquement regarder le nombre d'espèces pour parler de succès évolutif. La diversité génétique au sein d'une espèce compte aussi, or beaucoup d'orchidées ne sont représentées que par un petit nombre d'individus. À l'inverse, là où la variété d'espèces est plus faible, elles existent parfois en grand nombre. La structuration de la biodiversité est juste différente, au sein ou entre les espèces.

« Le carbone passe d'abord de l'arbre au champignon, puis à l'orchidée. »

Certaines orchidées sont dépourvues de chlorophylle, donc incapables de récompenser les champignons avec du sucre. Que se passe-t-il ?

■ Oui, c'est le cas d'orchidées vivant dans des milieux sombres comme les forêts. Elles ont opté pour d'autres stratégies. En 1899, Noël Bernard découvre pour la première fois des champignons dans une tige de néottie nid d'oiseau (*> p. 39*), dans la forêt de Fontainebleau. Il met ainsi en lumière les associations mycorhiziennes des orchidées, mais sur une espèce particulière, puisqu'elle est non chlorophyllienne. En l'étudiant à mon tour, un siècle plus tard, je me suis aperçu qu'elle est associée à des champignons particuliers qui ne sont pas les rhizoctonias habituels. Au voisinage des racines de la néottie, le mycélium est aussi associé aux arbres voisins. C'est le même champignon qui est lié à ces deux organismes différents. Le carbone passe de l'arbre au champignon, puis à l'orchidée. Ces dernières ont changé de champignons au cours de l'évolution, car les rhizoctonias ne semblent pas capables de subvenir à la croissance d'un pied d'orchidée non chlorophyllienne au-delà de la germination. Mais ce phénomène existe aussi chez des espèces faiblement chlorophylliennes, dotées de petites feuilles, comme certaines limodores, céphalanthères ou épipactis. Elles sont capables de pratiquer un peu de photosynthèse, mais elles compensent ce déficit en consommant littéralement les champignons mycorhiziens qu'elles partagent avec les arbres voisins.

Reste-t-il beaucoup à apprendre sur les orchidées ?

■ De nombreuses études se sont penchées sur leurs associations fongiques, c'est-à-dire avec les champignons, et leur reproduction. Mais si la recherche s'est toujours beaucoup intéressée à ces plantes, on ne sait toujours pas bien comment transférer efficacement des populations condamnées ni comment soutenir les effectifs de populations en danger. On ne sait pas non plus pourquoi certaines espèces comme le liparis de Loesel sont en déclin, par exemple... Alors oui, les orchidées ont encore des secrets ! ■

THÉO TZÉLÉPOGLOU, ORCHIDÉE DU GENRE DENDROBIUM, CHINE

Schéma de la symbiose mycorhizienne
de la néottie nid d'oiseau

DAVID GREYO

Nikon

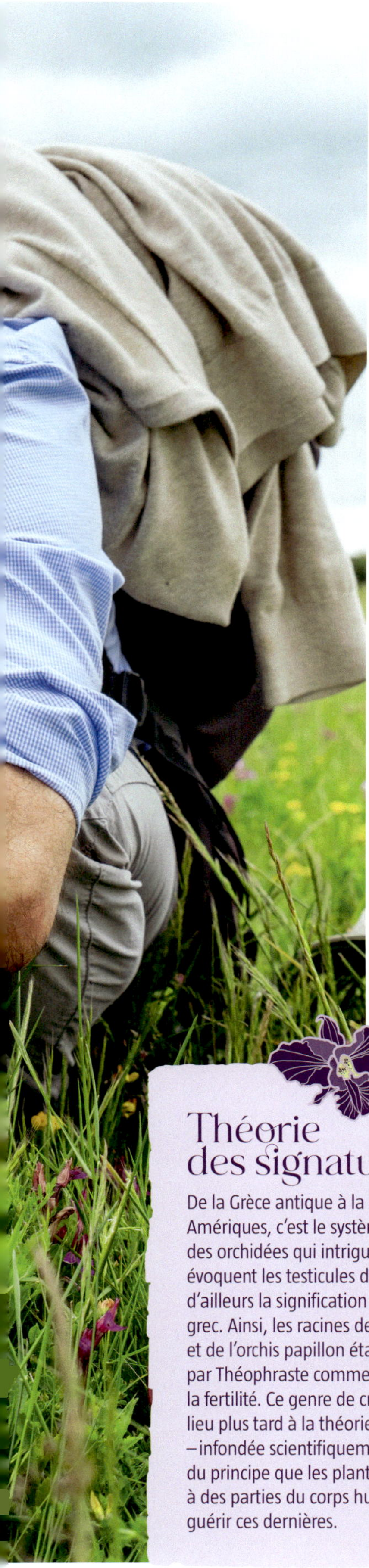

THÉO TZÉLÉPOGLOU

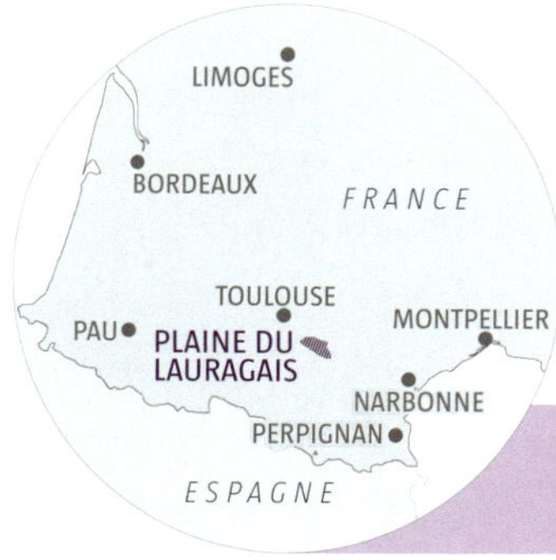

La fièvre des orchidées

De l'Antiquité jusqu'à nos jours, les orchidées occupent une place à part dans la botanique et déchaînent les passions. Rencontre printanière avec des mordus près de Toulouse.

PLAINE DU LAURAGAIS, 19 MAI 2024 « Serrapia vomeracea, Orchis pyramidalis... *ah plus rare,* Orchis anthropophora... », au gré de nos pas, Jean-Michel Hervouet ne peut pas s'empêcher d'interrompre la discussion pour lancer quelques noms latins. Tout au long du chemin, rien n'échappe au regard de ce spécialiste, également président de la Société française d'orchidophilie (SFO). Avec son épouse Chantal, la trésorière de l'association, ils sont venus de la région parisienne pour voir ce site remarquable. *« On parle quand même de la meilleure station de France pour la quantité d'orchidées qu'elle abrite, avec plusieurs raretés. Et c'est une très bonne année puisqu'il a beaucoup plu ce printemps »*, lance-t-il, ravi. Le couple s'est formé durant leurs études d'ingénierie en 1980, non loin d'ici, près de Toulouse. *« Un jour, on nous a montré la ressemblance entre une ophrys et un insecte. On a tout d'abord été surpris de voir des orchidées en France, puis on a acheté des livres et on a commencé à s'y intéresser... »*, partage Chantal Hervouet. Pour son mari, c'est l'étrangeté et la beauté de ces fleurs qui passionnent les gens : *« Il y a quarante ans, on pensait que toutes les plantes de nos latitudes étaient nommées et décrites. Mais seulement 80 espèces d'orchidées étaient inventoriées en France. On en est à 165 aujourd'hui et on en découvre encore. Ça maintient les gens en haleine. Chaque promenade peut devenir une découverte scientifique ! »*

Théorie des signatures

De la Grèce antique à la découverte des Amériques, c'est le système racinaire des orchidées qui intriguait. Les bulbes évoquent les testicules de l'homme, c'est d'ailleurs la signification du mot *orchis* en grec. Ainsi, les racines de l'orchis bouffon et de l'orchis papillon étaient considérées par Théophraste comme bénéfiques pour la fertilité. Ce genre de croyance a donné lieu plus tard à la théorie des signatures – infondée scientifiquement – qui part du principe que les plantes ressemblant à des parties du corps humain peuvent guérir ces dernières.

Amour fou

Ces fleurs passionnent les foules depuis l'Antiquité (*> Théorie des signatures*). Et sur les cent dernières années seulement, des humains ont créé plus de 100 000 nouvelles variétés dans le monde en hybridant des espèces sauvages. C'est plus du triple des résultats produits par cent millions d'années d'évolution ! Cette passion portait même le nom d'*orchidomania* ou *orchidelirium* au XIXe siècle en Europe. Le trafic d'orchidées sauvages exotiques était alors extrêmement lucratif, surtout à Londres et aux Pays-Bas. *« L'aristocratie achetait ces plantes fascinantes pour une somme équivalente à 20 000 euros de nos jours. Elles mouraient pourtant quelques semaines plus tard... »*, précise Jean-Michel Hervouet. *« À l'époque, un revendeur avait fait savoir qu'il avait rapporté 1 000 pieds d'une espèce et qu'il l'avait éradiquée dans la nature afin qu'il soit le seul fournisseur »*, souffle l'orchidophile.

›››

THÉO TZÉLÉPOGLOU

»» À l'issue d'une montée en sous-bois, nous arrivons sur le plateau. Là, une multitude de points de couleur pourpre, rose et jaune s'étendent à perte de vue. Nous faisons quelques mètres en posant précautionneusement nos pieds. Des chants roulés caractéristiques attirent mon attention, je lève les yeux et aperçois un vol de guêpiers d'Europe. Des alouettes des champs virevoltent dans le ciel. Dans l'air, c'est la symphonie printanière. En redescendant sur terre, je constate que le couple de botanistes n'a d'yeux que pour ce qui se trouve au sol. Il faut dire qu'ils découvrent le site en même temps que moi et il y a des priorités. *« Il y a plus de 50 000 pieds selon un collègue, et presque 15 espèces ! »*, s'enthousiasme Jean-Michel.

LOUIS FERRIES, OPHRYS PAPILLON

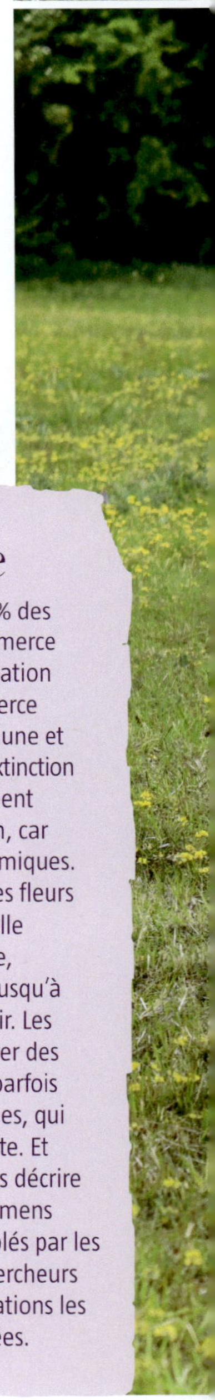

Hybridation sauvage

Un peu plus loin, nous faisons la rencontre de Louis Ferries, un jeune passionné de 27 ans originaire de la région qui a découvert le filon floral. Tenue de camouflage et appareil photo en bandoulière, le *dress code* classique du naturaliste de sortie. *« En prospectant dans les environs suite à des témoignages de locaux, j'ai découvert une des plus grosses stations de barlies de Robert du Lauragais. Puis, en remontant, je suis tombé sur ce site remarquable »*, nous confie-t-il. Guidé par son GPS, il nous amène devant une orchidée qui ressemble à première vue à toutes les autres. *« C'est un hybride d'orchis papillon, croisé avec un orchis pyramidal »*, identifie-t-il en attirant mon regard sur les différences morphologiques *(> photo p. 40)*. Même si les orchidées ont des floraisons décalées pour éviter les fécondations croisées, les espèces proches ou du même genre s'hybrident régulièrement, donnant lieu à des variations morphologiques parfois curieuses.

Jean-Michel s'applique à faire quelques clichés. Chantal prend des notes pour rentrer les informations dans la base de données participative *Orchisauvage*. Ces informations resteront néanmoins cachées, uniquement accessibles aux scientifiques. L'engouement pour la collectionnite rappelle le phénomène de coche chez les ornithologues, et conduisent parfois à des dérives, y compris à l'international *(> Beauté illégale)*. *« Certains pieds d'espèces rares disparaissent, il y a du piétinement pour faire une belle photo. C'est embêtant, car la présence des orchidées peut être un argument pour modifier des projets d'aménagement potentiellement néfastes pour la biodiversité »*, analyse Louis Ferries, qui a étudié dans le domaine.

Quelques mètres plus loin, nous nous trouvons devant une autre rareté : une variation de l'ophrys abeille avec des teintes jaunes, *Ophrys apifera f. chlorantha* dans le jargon *(> photo du haut, à droite)*. C'est une espèce commune, connue pour ses nombreuses nuances morphologiques. Si les variations génétiques sont répandues chez les orchidées, le phénomène reste encore inexpliqué pour l'espèce que nous avons sous les yeux. Et contrairement à ce qui est souvent imaginé, cela ne semble pas tant être lié à sa capacité d'autofécondation. *« Espagnols, Anglais, Hollandais, Allemands... des mordus d'orchidées sont venus de partout. On cherche les hybrides, les espèces rares... »*, déclare Louis Ferries. Et ce site du Lauragais n'est pas le seul à attirer les foules. »»

Beauté illégale

Les orchidées représentent 70 % des espèces végétales dont le commerce est interdit ou soumis à autorisation par la Convention sur le commerce international des espèces de faune et de flore sauvages menacées d'extinction (Cites). Elles sont particulièrement vulnérables à la surexploitation, car beaucoup d'espèces sont endémiques. Il suffit alors de cueillir quelques fleurs ici et là pour causer la potentielle disparition de toute une espèce, dont un spécimen peut valoir jusqu'à 5 000 dollars sur le marché noir. Les trafiquants s'acharnent à trouver des orchidées toujours plus rares, parfois non connues par les scientifiques, qui les découvrent ensuite à la vente. Et lorsqu'ils sont les premiers à les décrire dans une publication, les spécimens concernés sont directement ciblés par les trafiquants. Cela pousse les chercheurs à cacher dans certaines publications les zones géographiques concernées.

MILIEU : THÉO TZÉLÉPOGLOU, ORCHIS PYRAMIDAL / DROITE : PATRICK VEYA

JEAN-MICHEL HERVOUET

DAVID GREYO

››› En France, durant la belle saison, la gare désaffectée de Lapanouse-de-Cernon accueille chaque jour des cars de curieux qui viennent voir les ophrys de l'Aveyron *(> ci-contre)*. Il existe aussi d'autres fleurs stars qui attirent les convoitises : *« Nous nous intéressons aussi à des plantes rares d'autres familles comme les fritillaires des Pyrénées, les tulipes sauvages, les edelweiss... C'est plus simple de rentrer dans la botanique par les fleurs emblématiques que par les graminées par exemple. Il y a quelque chose de léger, d'exotique. Quand je guide des sorties naturalistes, je vois bien que les gens sont fascinés »*, analyse Louis. C'est en effet grâce à l'arrivée des orchidées exotiques en Occident que le regard des Européens s'est porté sur ces fleurs. Depuis Confucius, les orchidées ont toujours été symbole de pureté, d'innocence, de force et de modestie en Orient. Mais en Occident, la beauté de ces fleurs était liée à l'érotisme, au sexe avec une connotation plutôt impure. Cette vision occidentale s'est démocratisée avec l'importation des espèces tropicales aux fleurs luxurieuses. Dans de nombreux mythes passés, la femme est rattachée à cette figure séductrice florale.

Vous avez dit *Robert* ?

Certaines ophrys issues de cultures se trouvent désormais dans des jardineries. Le champignon symbiotique *(> Liaison cachée, p. 36)* indispensable à la croissance de ces plants est remplacé par un gel nutritif qui semble parfois faire l'affaire. Certaines espèces sont également déterrées et se retrouvent sur des sites de vente destinés aux particuliers. *« Dans le Gers on m'a signalé des stations entières pillées. Ça reste marginal, mais ça peut prendre de l'ampleur »*, dit Louis Ferries en pointant dans la direction du département limitrophe à la Haute-Garonne. Pour Jean-Michel Hervouet, *« ces espèces déracinées et transportées peuvent être replantées dans la nature, ce qui fait qu'on ne comprend plus rien à la cartographie. On peut maintenant trouver l'ophrys brillant, originaire du Var, dans la région parisienne et en Normandie.Certaines arrivent à s'adapter, car il y a des coteaux en plein soleil ou des microclimats méditerranéens »*.

Avec le réchauffement global, la répartition des orchidées change également. En vingt-cinq ans, la barlie de Robert, initialement présente dans le sud de la France, fleurit désormais jusqu'aux Pays-Bas. C'est l'orchidée la plus précoce, qui peut éclore au mois de décembre.

En régression

Le ciel laiteux contraste avec les touches de couleurs sur la toile des champs environnants. Quelques gouttes menaçantes nous font battre en retraite. Sur le chemin du retour, les passionnés me font part de l'avenir des orchidées. De façon générale, elles sont en régression, majoritairement en raison de la disparition de leurs habitats et dans de moindres mesures, à certains usages *(> Potion magique)*. La raréfaction des milieux, la progression des forêts, ou les sécheresses menacent certaines espèces de ces plantes, mais aussi leurs pollinisateurs. Et globalement, plus des trois quarts (76 %) des espèces d'orchidées dépendent entièrement des insectes pour leur reproduction.

« L'abondance incroyable présente sur ce site est un hasard, déclare Jean-Michel Hervouet. *L'agriculteur a fait une bonne gestion écologique sans le savoir. »* Même si toutes les orchidées sont protégées en Suisse, peu de spécimens sont protégés en France, et ce statut ne fait pas foi sur les parcelles cultivées. Cette exception permet ainsi de détruire une prairie humide pour planter du maïs par exemple... *« En revanche, ces fleurs sont de plus en plus prises en compte dans les études d'impacts»*, conclut Louis Ferries, optimiste. ■

Potion magique

De nos jours, le salep, une farine à base de tubercules d'orchidées dont est issue une boisson traditionnelle du même nom, est encore consommé en Turquie et en Zambie pour son goût et sa texture. Des millions de ces fleurs seraient ainsi prélevées chaque année pour la préparation, puisqu'il faudrait entre 1000 et 4000 plants pour fabriquer 1 kg de farine... Une demande qui pousse à la cueillette dans les pays voisins comme l'Iran. Même si des alternatives existent, les adeptes de cette préparation sont attachés à l'aspect naturel du breuvage... Par ailleurs, en Chine, la tige est utilisée dans la médecine traditionnelle pour soulager les fièvres.

Aller plus loin

« Elles sont menacées »

Les orchidées sauvages sont très dépendantes des activités humaines. Les gestionnaires d'espaces naturels travaillent à les conserver et à restaurer leurs habitats. Explications avec Mario Klesczewski.

Mario KLESCZEWSKI
Responsable de projets Flore & habitats naturels au Conservatoire d'espaces naturels d'Occitanie.

Comment favoriser la présence d'orchidées sauvages ?

■ Il faut avant tout veiller à maintenir des conditions qui sont propices aux espèces déjà présentes. On peut trouver ces fleurs un peu partout dans des environnements variés, hormis dans des milieux trop salés, très riches en nutriments ou submergés trop longtemps. Si l'apport en ressources change dans le sol, le champignon symbiotique *(> Liaison cachée p.36)* peut alors devenir un parasite de l'orchidée et la tuer. La première chose à faire est donc de limiter les déséquilibres. Pour cela, il faut réduire les intrants chimiques liés à l'agriculture et pratiquer une bonne gestion pastorale.

Qu'est-ce qu'une *bonne gestion pastorale* favorable aux orchidées ?

■ Auparavant, il y avait des centaines de milliers d'ovins qui parcouraient le territoire et cela était favorable aux orchidées. Les bergers faisaient pâturer le bétail dans des terrains peu labourables. Le soir, ils déplaçaient et parquaient les troupeaux. Les crottes ne tombaient ainsi pas sur place, mais dans les parcs de nuit. Les nutriments contenus dans les déjections issues de l'herbe consommée durant la journée étaient ainsi exportés. Les orchidées, qui pour certaines affectionnent les sols pauvres, avaient alors moins de compétitions avec d'autres espèces sur le site pâturé, et se développaient mieux.

M. KLESCZEWSKI, CEN OCCITANIE

Restaurer des milieux est compliqué et met du temps. Certains champignons symbiotiques d'espèces rares d'orchidées sont uniquement présents dans des prairies qui n'ont pas été labourées depuis au moins un siècle ! Un labour suffit alors à détruire des espèces présentes depuis la domestication des troupeaux, soient des millénaires. Une protection efficace ne peut se faire qu'à travers des mesures qui favorisent une utilisation durable des parcelles concernées.

Des mesures prises en faveur des orchidées défavorisent-elles d'autres espèces ?

■ La fauche ou la pâture défavorisent forcément l'apparition de la forêt. Toute gestion d'un espace végétalisé implique de faire des choix, mais nous ne prenons pas vraiment de mesures focalisées sur les orchidées. Exception faite si le plan de gestion, validé par les instances scientifiques, est centré sur une espèce en particulier à cause d'un enjeu fort. Par exemple, l'orchis d'Occitanie, qui existe sur un territoire très restreint, va être prioritaire sur la gestion d'un site où elle est présente. Pour autant, nous hiérarchisons tous les enjeux et nous visons à conserver l'ensemble de la biodiversité présente.

Les orchidées sont-elles menacées ?

■ Oui, nombre d'entre elles ont une répartition en régression. Elles sont menacées par les activités humaines telles que l'agriculture ou la sylviculture. En somme, tout ce qui modifie trop fortement le sol et le couvert végétal comme le labour profond, le drainage ou encore les plantations d'arbres exotiques en monocultures denses par exemple. Cela peut aussi venir de l'urbanisation ou de l'accumulation de certains nutriments dans la composition des milieux. Avec la politique agricole actuelle, les troupeaux de bovins sédentaires ont été favorisés, ce qui conduit à du surpiétinement, qui nuit au développement de ces fleurs. Les populations importantes existent toujours dans les paysages protégés ou peu propices aux cultures labourées. ■

À lire

L'amour toujours

Synthèse remarquable sur l'histoire des orchidées, ce récit habilement romancé nous promène de l'Antiquité jusqu'à nos jours à travers sciences et croyances.

Faire l'amour comme une orchidée
Alessandro Wagner, *éd. Arthaud*, 2024

Reconnaître les orchidées

Ce miniguide à mettre dans sa poche sur le terrain vous aidera à mieux contempler les espèces les plus fréquentes que vous croiserez lors de vos balades.

Miniguide n° 101
Éd. Salamandre

Identifier la beauté

Ce guide complet vous permettra d'identifier les espèces que vous croiserez, y compris les hybrides et autres raretés.

Orchidées de France, de Suisse et du Benelux
Pierre Delforge, *éd. Delachaux et Niestlé*, 2021

Au plus près des orchidées

Voici un ouvrage constitué de photos à la netteté et à la précision étonnante. Tout aussi précieux, l'ouvrage classe les orchidées par milieu de vie et non par famille.

Chercheurs d'Orchidées
Gilbert Hayoz et Patrick Veya,
Éd. Rossolis, 2014

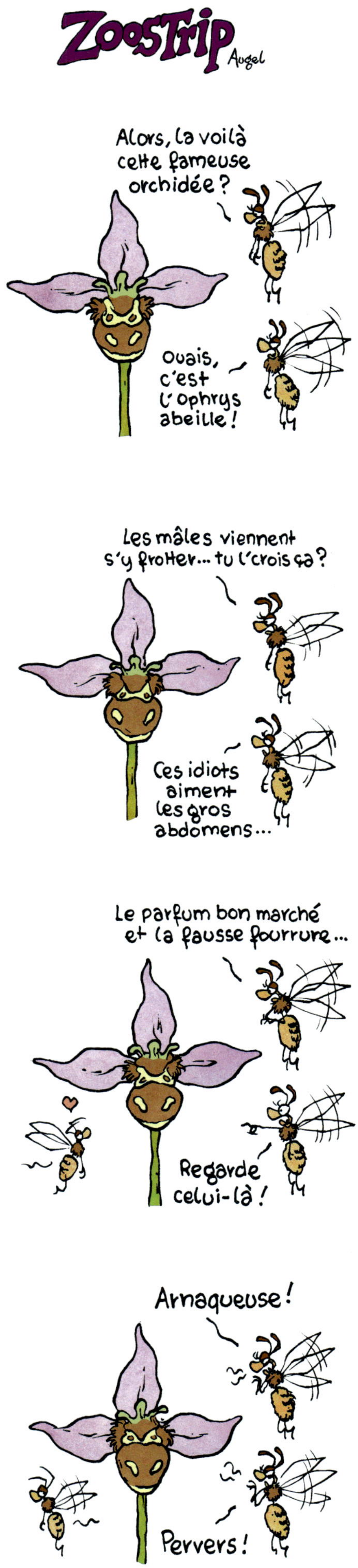

Elle a fait le mur

L'artiste Sandrot peint des fresques animales géantes sur des façades d'immeubles ou de monuments. Une façon d'inviter le vivant dans la cité et d'embellir l'horizon des humains.

PHOTOS **SANDROT** PROPOS RECUEILLIS PAR **CAMILLE BELSOEUR**

« Cette fresque d'un brochet sur le bord du canal du Midi, à Toulouse, a été particulièrement difficile à réaliser. Au niveau de la tête, la berge ne fait que 1 m de largeur. Quand on arrive à la queue, l'eau est directement au pied du mur. J'ai donc dû peindre l'arrière de son corps depuis une barque. J'ai choisi le brochet, car il peuple ces eaux mais reste invisible aux yeux des humains. »

« J'ai peint le rapace (> page de droite) *dans un magnifique château du Vaucluse. C'est un oiseau un peu hybride entre plusieurs espèces dans les traits du dessin, mais il rend hommage au faucon crécerelle qui niche en ces lieux. »*

« L'Union internationale pour la conservation de la nature (UICN) m'a commandé une série de portraits d'espèces menacées. J'ai réalisé ces toiles dans le cadre d'une exposition organisée dans un prieuré. »

« J'ai peint ce héron goliath pour les 50 ans de la réserve africaine de Sigean, dans le sud de la France. Ce n'est pas une espèce locale, mais je l'ai longuement observé dans la grande volière du parc. J'ai apprécié réaliser cette fresque sur du bois, un support peu habituel. »

« Je peins des animaux depuis que je suis toute petite. À l'époque, c'étaient des écureuils et encore des écureuils. Puis, j'ai fait dix ans de portraits d'humains. Cela se ressent d'ailleurs dans mes œuvres animales aujourd'hui. Je me concentre beaucoup sur le regard, qui est le miroir de l'âme.

J'ai réalisé mon premier mur en 2001. Des amis artistes m'ont emmenée peindre un mur de 5 m de hauteur. Cela m'a tout de suite séduite : plus c'est grand et plus l'œuvre interpelle. Pour les espèces que je dessine, c'est pareil : elles sont surdimensionnées, ce qui pousse le spectateur à se sentir tout petit. L'impact des humains est grand sur la planète et j'aime changer le rapport des choses avec ces animaux géants.

Je collabore avec des villes, des musées, des parcs, qui veulent mettre en avant des espèces menacées. En mélangeant l'art et la science, on arrive à toucher plus largement les gens. Je travaille avec de grands pinceaux qui sont accrochés à des perches pour avoir de larges mouvements et un style qui se rapproche de tableaux. Je compose assez rapidement. Pour peindre le héron (> ci-contre)*, il m'a fallu deux jours. Je fais tout à l'œil et en direct. Je n'ai pas observé tous ces animaux. Quand ce n'est pas possible de les admirer en vrai, je m'immerge dans des photos, des livres, des banques d'images… Ensuite, je ne reste pas forcément dans le réel. Il y a une touche d'impressionnisme.*

Sandrot
> sandrot.com
sandrotartiste

ALESSANDRO STAEHLI

À l'affût des renardeaux

Les petits goupils* insouciants entrent en scène au printemps. Assistez au spectacle en toute discrétion.

PAR **DAVID MELBECK** redaction@salamandre.org

* Touffus

Goupil (aussi *golpil* ou *volpil*) est le nom en vieux français du renard, dérivé du latin *vulpes* qui pourrait signifier « pied tordu » *(volupes pedes)* en raison de ses déplacements peu rectilignes lorsqu'il trotte ou court. Modeste prédateur carnivore, le renard est en réalité un canidé opportuniste, doué de grandes facultés d'adaptation, et qui a suscité bien des croyances.
À la fois considéré comme rusé, intelligent ou fourbe et indésirable, il figure en bonne place dans le bestiaire de la littérature.

Quand ?

Bien que les petits puissent être actifs près du terrier fin avril, c'est **surtout en mai**, lors de leurs premières véritables sorties, que le moment est le plus favorable pour les admirer. Les renardeaux sont alors âgés de 1 à 2 mois et sont beaucoup moins méfiants que leurs parents.

Le moment le plus propice se situe en **fin d'après-midi** et **au crépuscule.**

Organisez votre affût un jour **sans vent ni pluie**, de préférence quand le soleil se montre.

JEAN CHEVALLIER

Où ?

Le renard installe son terrier sur un territoire qui combine abris et ressources alimentaires (rongeurs) : lisières, haies, talus, prairies, anciennes voies ferrées, petits bois, bords de chemins, mais aussi parcs et friches urbaines.

Matériel

Scrutez le paysage avec des jumelles ou une longue-vue. Habillez-vous avec des vêtements silencieux dont les couleurs se fondent dans le décor.

4-6

Nombre moyen de petits que la renarde met généralement au monde en mars. Après quatre semaines, les renardeaux insouciants jouent à l'entrée du terrier. À partir de cinq semaines, c'est-à-dire en mai, et jusqu'à leur 4e mois, ils explorent les environs. Ils atteignent leur taille adulte à la fin de l'été.

Renard roux

Vulpes vulpes

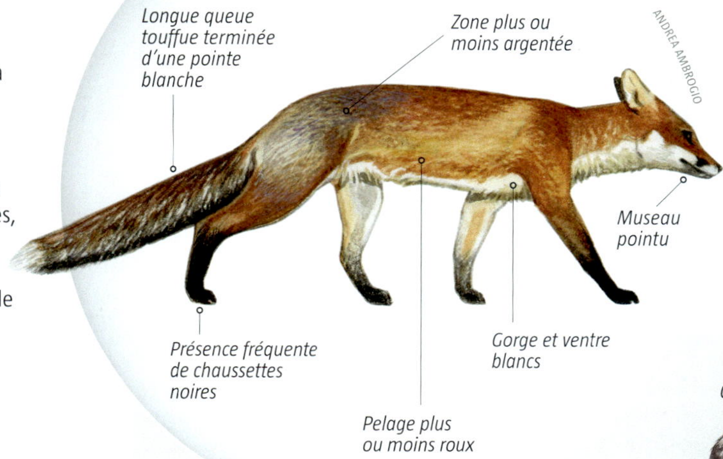

ANDREA AMBROGIO

Règles d'or

Évitez tout dérangement. Restez silencieux, contre le vent et sans faire de gestes brusques. Le renard cherche en permanence la sécurité. Son ouïe et son odorat sont ultradéveloppés. Un bout de bois qui craque sous vos pas suffit à provoquer l'alerte. La femelle déménage ses petits à la moindre inquiétude.

La bonne idée

Arpentez la campagne en matinée, recherchez des terriers odorants ou entourés de restes de nourriture, sans jamais vous attarder. Revenez le lendemain après-midi à une distance raisonnable selon le contexte et patientez sans vous faire remarquer. Le renard ne considère pas la voiture comme un danger, un affût opportuniste peut donc se dérouler depuis un véhicule, moteur éteint bien sûr.

Le défi

Reconnaître les indices laissés par le renard.

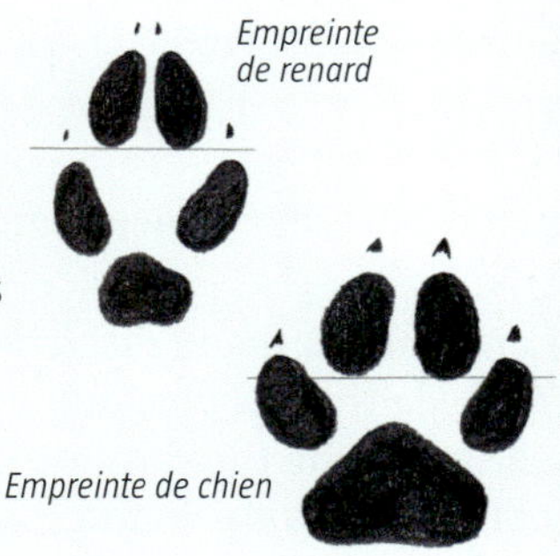

Bien en vue (sur une touffe, une taupinière, une souche ou au milieu d'un sentier). Allongée, avec une extrémité effilochée et une odeur désagréable.

Ayez le nez fin ! Sur les sentes et aux abords du terrier, l'odeur de présence du renard est prenante et musquée. Plutôt nauséabonde, elle peut pourtant rappeler une odeur de bière...

JEAN CHEVALLIER

Aller plus loin

Pister les carnivores
Reconnaître les indices du renard, du blaireau et d'autres mammifères prédateurs dans notre Miniguide n° 76.
> bit.ly/MG76Carn

Le renard
Une monographie complète sur le goupil.
Jean-Steve Meia
Éd. Delachaux et Niestlé
184 p.
> bit.ly/RenardDN

Qui es-tu, Renard ?
Notre dossier richement illustré et plein de révélations dans la *Revue Salamandre* n° 231.
> bit.ly/RenardDossier

Au nom de l'oxalis

Surelle, oseille de bûcheron, pain de coucou... l'oxalis a de multiples surnoms, mais surtout un goût acidulé parfait pour relever des sauces.

TEXTES ET DESSINS **LUCAS MICHELOT** PHOTOS **CATHY BERNOT** redaction@salamandre.org

Petites feuilles au ras du sol, fleurs discrètes tout en sobriété... Difficile de trouver plus humble que l'oxalis ! Mais sous ses airs de timide, il dissimule une personnalité plutôt piquante. Petite friandise des bords de chemins, ses feuilles rafraîchiront vos randonnées de leur saveur acidulée. Ajoutées aux salades, au beurre, aux boissons ou aux sauces *(> recette ci-contre)*, elles en relèveront le goût avec subtilité. C'est grâce à ce trait de caractère que la modeste herbette a réussi à se faire un nom dans les campagnes. Et même plusieurs, qui racontent bien des choses pour qui sait les déchiffrer.

L'oxalis était autrefois surnommé *surelle*, un sobriquet dérivé du mot *sur* qui veut dire « acide ». Même topo pour le nom scientifique de notre piquante *Oxalis acetosella*. Traduit depuis le latin et le grec ancien, il signifie peu ou prou « oseille petit vinaigre ». Plutôt bien choisi, car oseille et oxalis doivent tous deux leur goût caractéristique à une haute teneur en acide oxalique. Cette substance tombe à point nommé pour agrémenter les mets de ses notes citronnées. Mais évitez d'en consommer des jours durant : l'acide oxalique, à forte dose, peut occasionner des troubles rénaux ou digestifs.

Reprenons notre voyage linguistique : notre plante est aussi couramment appelée *oseille des bois* ou *de bûcheron*. Des surnoms qui nous rappellent que notre héroïne, loin d'apprécier les prairies ensoleillées, ne se plaît qu'à l'ombre des grands arbres. Plus difficile, saurez-vous deviner pourquoi elle était également surnommée *pain de coucou* ou *Alléluia* par les anciens ? Explication : ses fleurs s'épanouissent entre Pâques et la Pentecôte, période où résonnent le chant du coucou... et celui des processions religieuses. Grâce à ces quelques noms, vous savez maintenant où et quand aller récolter cette petite gourmandise. Bonne cueillette ! ■

ULKAN / STOCK.ADOBE.COM

Oxalis petite oseille

Oxalis acetosella

Habitat
Sous-bois frais et ombragés

Répartition
Presque partout sauf en haute montagne, rare en région méditerranéenne

Récolte
Mars à octobre (feuilles présentes toute l'année, mais moins bonnes en automne-hiver)

Parties utilisées
Feuilles

Mayonnaise à l'oxalis

INGRÉDIENTS (BIO SI POSSIBLE) POUR UN BOL MOYEN

- 4 c. à s. de crème de soja
- 2-3 c. à c. de moutarde fine
- 2 pincées de sel
- 2 pincées de curcuma en poudre
- 8 c. à s. d'huile d'olive douce, de tournesol ou de colza
- 1 c. à s. d'huile de noix (facultatif)
- 1 poignée de feuilles d'oxalis

PRÉPARATION

① Dans un bocal large, **mélangez à la cuillère** la moutarde, la crème de soja, le sel et le curcuma.

② Ajoutez les huiles petit à petit **en mixant en continu** à l'aide d'un mixeur plongeant, la mayonnaise va prendre et s'épaissir.

③ Rincez puis **hachez très finement l'oxalis** et ajoutez-la à la préparation en mélangeant délicatement.

ⓘ Cette mayonnaise se conserve une semaine au frigo.

Pour une cueillette respectueuse de la nature et de votre santé, pensez à suivre ces dix conseils :
> bit.ly/10-conseils-cueillette

Courrier désirable

Partagez vos moments nature, avis ou questions sur nos réseaux sociaux, par e-mail ou par courrier postal.

@revue.la.salamandre
@salamandre_media
courrier@salamandre.org

ERRATUM

Vison juste

Comme nous l'a fait remarquer Alain Chatoudaud, une erreur s'est glissée dans l'article *Comment apparaît une nouvelle espèce ?* du n° 285. La légende de la photo indique que l'hybridation est possible entre le vison d'Europe et son congénère d'Amérique. Or, ce n'est pas le cas. Notre vison local peut par contre s'hybrider avec le putois. Étonnant, non ?

Trident brillant

Lors d'un séjour à Ouessant, en octobre, j'ai découvert un géotrupe différent du bousier commun que j'observe dans nos forêts suisses. Le mâle est assez spectaculaire avec ses trois cornes qui lui servent à sortir la terre du terrier.

Sophie Roy, Lausanne (Vaud)

Bien vu ! Ce géotrupe est un mâle Minotaure. Actif toute l'année, il mesure entre 10 et 20 mm. C'est une espèce caractéristique des milieux pâturés, en général sur les sols secs et durs, mais aussi dans les sols sablonneux où l'espèce creuse des galeries atteignant souvent 1 m de profondeur, parfois plus.

Ça décoiffe

En me promenant dans la forêt, j'ai rencontré ces merveilles de la nature. Ça pousse sur le bois uniquement, est-ce un champignon ?

Élisabeth, Val-de-Travers (Neuchâtel)

Il s'agit bien du champignon *Exidiopsis effusa* qui se développe sur le bois mort et humide. Ce dernier sécrète de l'eau qui est rejetée par les pores du bois. Si les températures sont négatives et l'humidité élevée, l'eau va alors geler et créer ces filaments appelés *cheveux de glace*. Mais ce phénomène est rare, car le métabolisme du champignon ne fonctionne que lorsque les températures ne sont pas trop froides non plus.

Allô les réseaux sociaux ?

Virginie Jacob Lumière Très bonne revue sur la nature, je l'utilisais en travaillant avec les petits enfants des écoles... C'est une revue qui a au moins plus de 40 ans et qui est réactualisée de façon intelligente.... Je la recommande.
J'aime • Répondre • 1

Anne-Marie Rebouillat Je recommande la revue adulte que je connais bien, une mine pour découvrir la nature et apprendre à reconnaître la vie animale, végétale et ... minérale aussi !
J'aime • Répondre • 1

Jolie compagnie

Dans le Gers, nous avons trouvé un jeune diablotin sur un ophrys de mars.

Hélène Raisson, Plaisance-du-Touch (Haute-Garonne)

Joli clin d'œil au dossier de ce numéro ! Comme son nom l'indique, cette orchidée est surtout visible dans la seconde moitié du mois de mars. Ici, son labelle est décoloré.

Paillasses *badass*

Quelle est donc cette matière molle, qui apparaît toujours sur la même marche d'escalier et se fait rapidement manger par les gastéropodes ?

Julien Hutin, Genève

Arlette et Denis Lambert-Dirren, Peseux (Neuchâtel)

Ces amas visqueux sont appelés nostocs ou *crachats de lune*. Ce sont des colonies de cyanobactéries qui ne présentent aucun danger malgré leur allure peu appétissante. Au contraire, elles protègent le sol de l'érosion et agissent comme un fertilisant naturel lorsqu'elles meurent et se décomposent. Elles peuvent se réhydrater à la moindre pluie.

salamandre TV

Le film du mois

DÈS LE 6 MAI

Vivre avec les loups

Le réalisateur nous parle du plus célèbre des canidés d'une manière totalement nouvelle et inattendue. Il y aura bientôt des loups un peu partout en France. Il faut donc apprendre à *vivre avec*... Dépassant les postures polémiques, le réalisateur nous amène de manière sensible à percevoir différemment la nature qui nous entoure et les animaux qui l'habitent : chevreuils, chamois, bouquetins...

Un film de Jean-Michel Bertrand

Autres nouveautés

DÈS LE 1ER AVRIL

De l'eau jaillit le feu

Comment le marais poitevin à l'image si paisible est-il devenu le terreau d'une véritable guerre de l'eau ?

Un film de Fabien Mazzocco

DÈS LE 8 AVRIL

Couleurs

D'habitude, il dessine la faune et la flore. Aujourd'hui commence son voyage à la découverte des couleurs complémentaires avec son appareil photo comme pinceau.

Un film de Dominique Mertens

DÈS LE 20 MAI

Kelp, une forêt sous la mer

Le kelp pousse dans les forêts sous-marines des hauts fonds. Ce film explore l'histoire économique et scientifique de cette algue pour construire un avenir durable.

Un film de Matthieu Le Mau et Félix Urvois

> à visionner sur **salamandre.TV**

Boutique Salamandre

Nouveauté

Agir pour la nature
Balcons et terrasses
Collection Guides pratiques

Le guide pratique qui transforme votre balcon en une oasis de biodiversité pour votre bonheur et celui de la faune et de la flore. Faites de votre espace extérieur un petit coin de nature apaisant. Avec ses pas-à-pas détaillés et ses conseils d'aménagement faciles à suivre, ce guide vous livre plein d'astuces. Par exemple, pour prendre soin d'un framboisier en pot ou pour faire pousser un chèvrefeuille des bois sur vos murs.

- Auteur·es : Mathilde Planchat-Lévêque (textes) et Arnaud Tételin (illustrations)
- Format : 16 x 22 cm, 184 pages
- Un livre Salamandre

Prix TTC : **19,90 €**

Nouveauté

DVD **Le busard sur la paille**

Quand des passionnés de vie sauvage s'allient à des agriculteurs, le miracle est possible. Un espoir porte ainsi le plus emblématique habitant des grandes plaines : le busard cendré au vol aussi léger que le vent.

- Réalisation : Marion Fernandez, Maxime Lamoureux et Alain Leroux
- Durée : 52 min
- Un film Salamandre

Prix TTC : **20 €**

Collection Les petits livres de la nature — *Nouveautés*

Abeilles et guêpes

Ils ont du piquant, au sens propre comme au figuré. Oubliez les préjugés et partez à la découverte des abeilles, bourdons, guêpes et frelons qui habitent près de chez vous.

- Auteur·es : David Melbeck et Sophie Giriens (textes), Gaëtan du Chatenet, Sophie Giriens et Lorenzo Dotti (dessins)
- Format : 10 x 13,5 cm, 104 pages
- Un livre Salamandre

Prix TTC : **6,90 €**

Fleurs des montagnes

Gentiane, edelweiss, arnica, aster des Alpes... Apprenez à reconnaître par la couleur les fleurs légendaires de nos montagnes grâce à ce nouveau *Petit livre de la nature*.

- Auteur·es : David Melbeck et Sofia Matos (textes), Claire Felloni et Lorenzo Dotti (dessins)
- Format : 10 x 13,5 cm, 72 pages
- Un livre Salamandre

Prix TTC : **6,90 €**

Oiseaux des lacs

Canards, cygnes, poules d'eau, grèbes, harles... En ville comme à la campagne, les plans d'eau accueillent une étonnante diversité d'oiseaux aquatiques. Ce petit guide ultra-compact vous invite à vous familiariser avec les espèces les plus incontournables.

- Auteurs : David Melbeck et Nathan Horrenberger (textes), Marco Preziosi (dessins)
- Format : 10 x 13,5 cm, 64 pages
- Un livre Salamandre

Prix TTC : **6,90 €**

Photos non contractuelles. Dans la limite des stocks disponibles.